电网工程建设施工安全

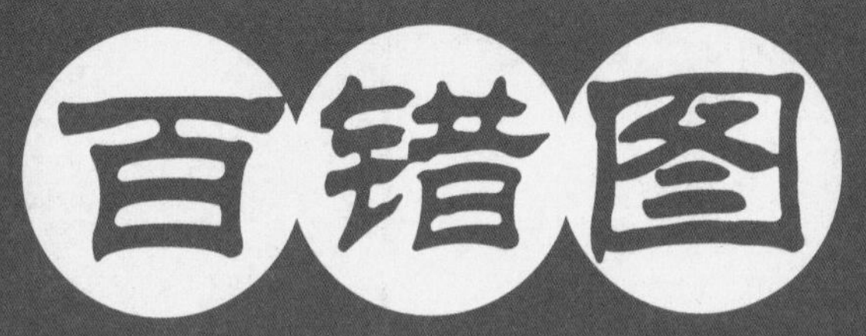

国网江苏省电力有限公司建设部
国网江苏省电力工程咨询有限公司　组编

中国电力出版社
CHINA ELECTRIC POWER PRESS

内容提要

为增强电力工程建设施工现场作业人员安全意识，规范作业行为，作者团队策划编写了本书。本书提炼出线路工程、变电工程安装、变电站土建工程的21个工作场景，通过漫画和隐患清单相结合的方式，将电力工程建设施工人员易犯的约一百个习惯性违章和安全隐患嵌入其中，读者可通过先找错、后对比的方式，检验自身风险辨识和防控能力，逐步提高安全管理意识和水平。

本书可用于电力工程建设施工人员安全教育培训，也可用于指导安全管理人员开展电力工程建设施工关键点作业和重要设施部位安全检查、隐患排查治理等工作。

图书在版编目（CIP）数据

电网工程建设施工安全百错图 / 国网江苏省电力有限公司建设部，国网江苏省电力工程咨询有限公司组编．—北京：中国电力出版社，2018.5（2020.6 重印）

ISBN 978-7-5198-1944-6

Ⅰ．①电… Ⅱ．①国… ②国… Ⅲ．①电网－电力工程－工程施工－安全培训 Ⅳ．①TM08

中国版本图书馆 CIP 数据核字（2018）第 074968 号

出版发行：中国电力出版社
地　　址：北京市东城区北京站西街 19 号（邮政编码 100005）
网　　址：http://www.cepp.sgcc.com.cn
责任编辑：崔素媛（010-63412392）
责任校对：常燕昆
装帧设计：赵姗姗
责任印制：杨晓东

印　　刷：北京博图彩色印刷有限公司
版　　次：2018 年 5 月第一版
印　　次：2020 年 6 月北京第四次印刷
开　　本：880 毫米 ×1230 毫米 32 开本
印　　张：3.125
字　　数：72 千字
印　　数：8001—9500 册
定　　价：30.00 元

编委会

序

习近平总书记指出:“统筹发展和安全，增强忧患意识，做到居安思危，是我们党治国理政的一个重大原则。发展决不能以牺牲人的生命为代价，这必须作为一条不可逾越的红线。”因此，树立安全发展理念，弘扬生命至上、安全第一的思想，完善安全生产责任制，坚决遏制重特大安全事故，提升防灾减灾救灾能力，是在全面建成小康社会决胜阶段、中国特色社会主义进入新时代关键时期进一步加强安全工作的新要求。

当前，国内外形势正在发生深刻复杂变化，国家发展仍处于重要战略机遇期，电网建设环境更加复杂、建设要求更加严格、建设任务更加繁重、建设安全被赋予了更加特殊的意义，电网建设安全需求日益迫切。强化本质安全是深入做好电网建设安全工作的必然要求，是确保安全的治本之策。坚持目标导向和问题导向，树立全员安全理念，把队伍建设作为安全工作的关键，抓基层、基础、基本功，严格落实安全生产责任制，教会员工主动防范，提前预控违章行为是杜绝事故的良策。

为此，国网江苏省电力公司组织人员，收集整理电网工程建设施工现场常见的违章行为和安全隐患，依据《国家电网公司电力安全工作规程（建设部分）（试行）》、《电力建设安全工作规程》等文件和规程规范，编写了本图册。希望电网工程建设施工现场作业人员和管理人员通过学习运用本书，提升风险防控意识和能力，变“要我安全”为“我要安全”，倡导“人人为我、我为人人”的安全管理理念，不断提升电网工程建设施工现场安全管控水平。

国网江苏省电力有限公司副总经理

前言

PREFACE

安全是企业生存之本，发展之源。泾溪石险人兢慎，终岁不闻倾覆人。却是平流无石处，时时闻说有沉沦。人员的安全意识和风险辨识防控能力是安全发展的关键，要实现企业安全发展，必须牢牢抓住“人”这一核心要素。

为增强电力工程建设施工现场作业人员安全意识，规范作业行为，作者对电力工程建设施工过程中常见的习惯性违章和安全隐患进行归纳总结，按照专业分为线路工程篇、变电工程安装篇、变电站土建工程篇。本书全部以漫画的形式将习惯性违章和安全隐患嵌入到电力工程建设施工场景中，读者可以先查找违章行为，再查看答案及依据。本书编写的目的旨在引导电力工程建设施工一线作业人员和管理人员通过学习运用本书，了解掌握作业过程中存在的人的不安全行为、物的不安全状态以及管理上的缺陷，把队伍建设作为安全工作的关键，不断提升电力工程建设本质安全水平。

限于编者水平，加之时间仓促，书中谬误之处在所难免，恳请广大读者提出宝贵意见。

目录

CONTENTS

线路工程篇

变电工程安装篇

变电站土建工程篇

线路工程篇

1. 跨越高速公路张力放线

请找找看，下面有几处违章?

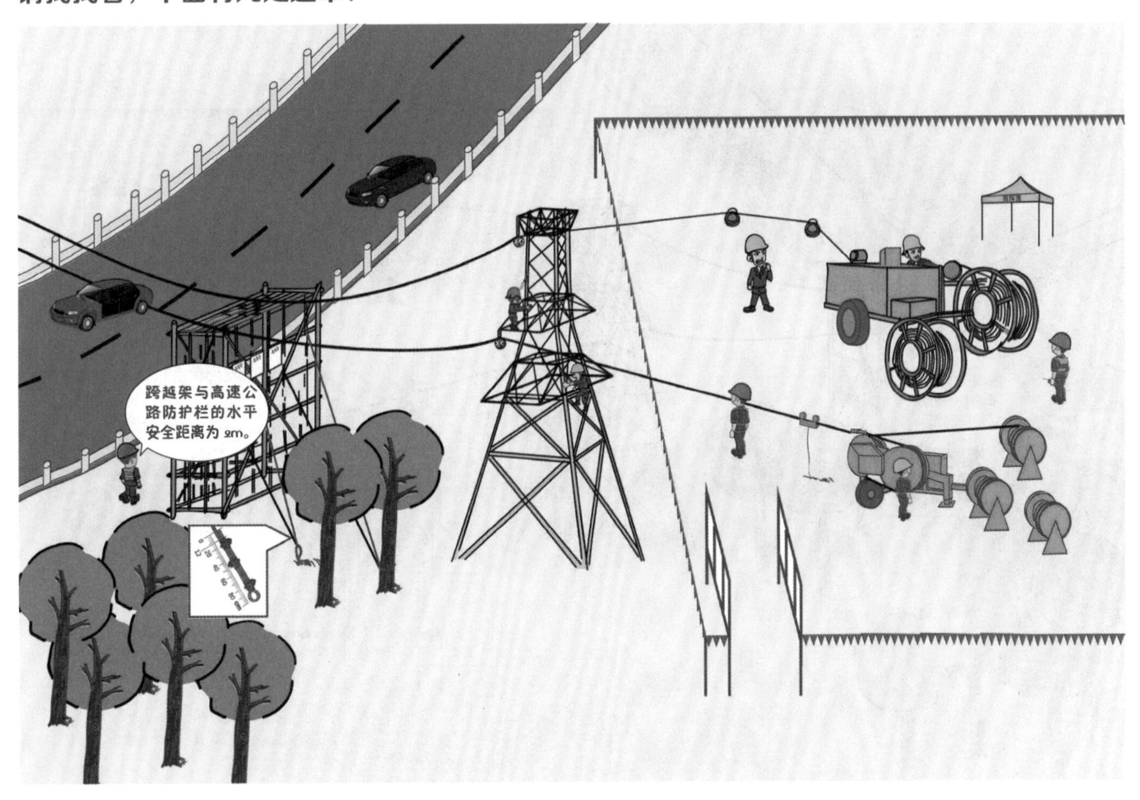

一共有 11 处违章，你答对了吗？

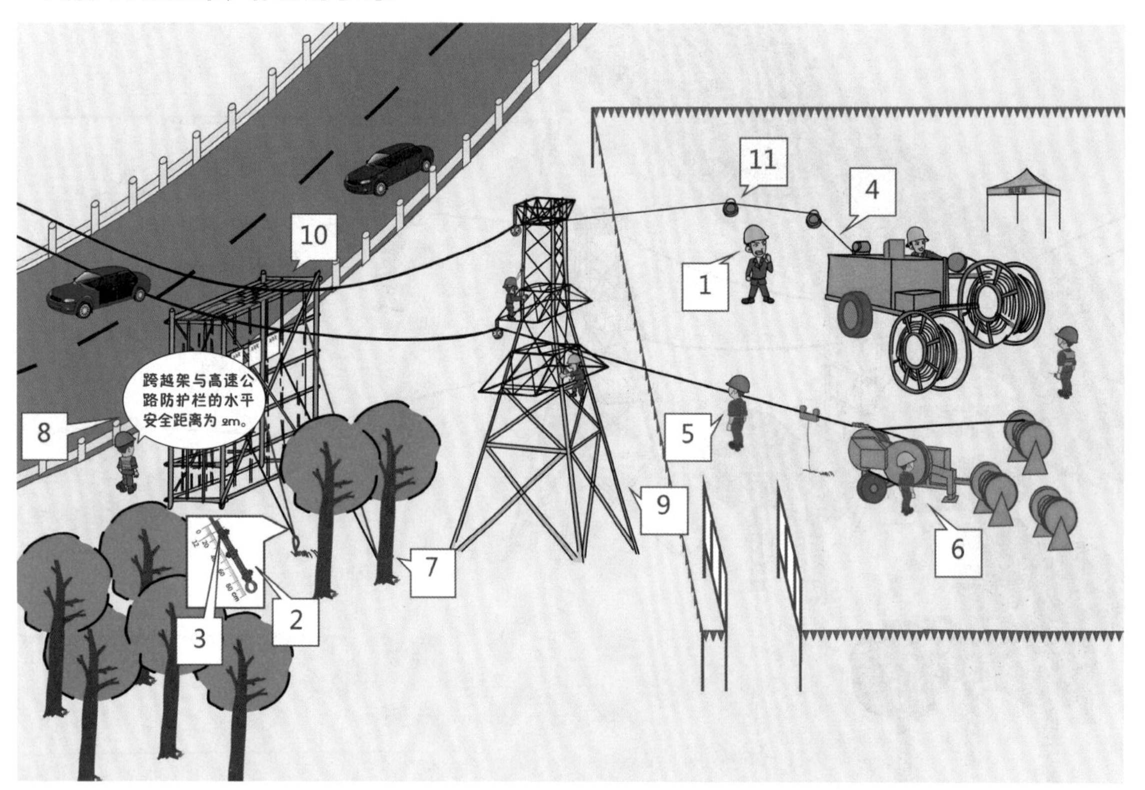

这些违章分别是：

1. 牵引过程中，转向滑车围成的区域内侧有人。

依据《国家电网公司电力安全工作规程（电网建设部分）（试行）》10.3.7 条款，牵引过程中，各转向滑车围成的区域内侧禁止有人。

2. 绳卡压板不在钢丝绳主要受力一侧。

依据《国家电网公司电力安全工作规程（电网建设部分）（试行）》5.3.1.3.4 条款，钢丝绳端部用绳卡固定连接时，绳卡压板应在钢丝绳主要受力的一边，并不得正反交叉设置。

3. 钢丝绳绳头距安全绳卡的距离为 120 毫米。

依据《电力建设安全工作规程　第 3 部分：变电站》3.4.3 条款，钢丝绳采用绳卡时，与钢丝绳直径匹配的绳卡规格、数量应符合表 3.4.3-2 的要求，此外还应在尾端加一个安全绳卡。绳卡间距不小于钢丝绳直径的 6 倍，绳头距安全绳卡的距离不小于 140mm。

4. 牵引机出线未接地。

依据《750kV 架空送电线路张力架线施工工艺导则》5.5.8 条款，在牵引机、张力机机体前方的牵引绳和导线上分别安装接地滑车。

5. 张力机进出口前方有人通过。

依据《国家电网公司电力安全工作规程（电网建设部分）（试行）》10.3.17 条款，牵引过程中，牵引机、张力机进出口前方不得有人通过。

6. 牵张设备操作人员站立处未设置绝缘垫。

依据《国家电网公司电力安全工作规程（电网建设部分）（试行）》10.10.4 条款，牵引设备和张力设备应可靠接地。操作人员应站在干燥的绝缘垫上且不得与未站在绝缘垫上的人员接触。

7. 跨越架临时拉线设置在树木上。

依据《国家电网公司电力安全工作规程（电网建设部分）（试行）》9.1.6 条款，不得利用树木或外露岩石等承力大小不明物体作为主要受力钢丝绳的地锚。

8. 跨越架与高速铁路防护栏的水平安全距离为 2 米。

依据《国家电网公司电力安全工作规程（电网建设部分）（试行）》10.1.1.7 条款，跨越架与铁路、公路及通信线的最小安全距离应符合表 20 的规定（高速公路防护栏与跨越架的水平距离为 2.5m）。

9. 杆塔未设置临时反向拉线。

张力放线时放线段两端应设置临时反向拉线。

10. 跨越架顶四个角未用毛竹向斜上方外伸（羊角）。

依据《国家电网公司电力安全工作规程（电网建设部分）（试行）》10.1.1.6 条款，跨越架架顶两侧应设外伸羊角。

11. 牵引机两个转向滑车转向角度不相等。

依据《750kV 架空送电线路张力架线施工工艺导则》5.1.5 条款，各转向滑车荷载应均衡，即转向角度应相等。

2. 机械牵引放线

请找找看，下面有几处违章？

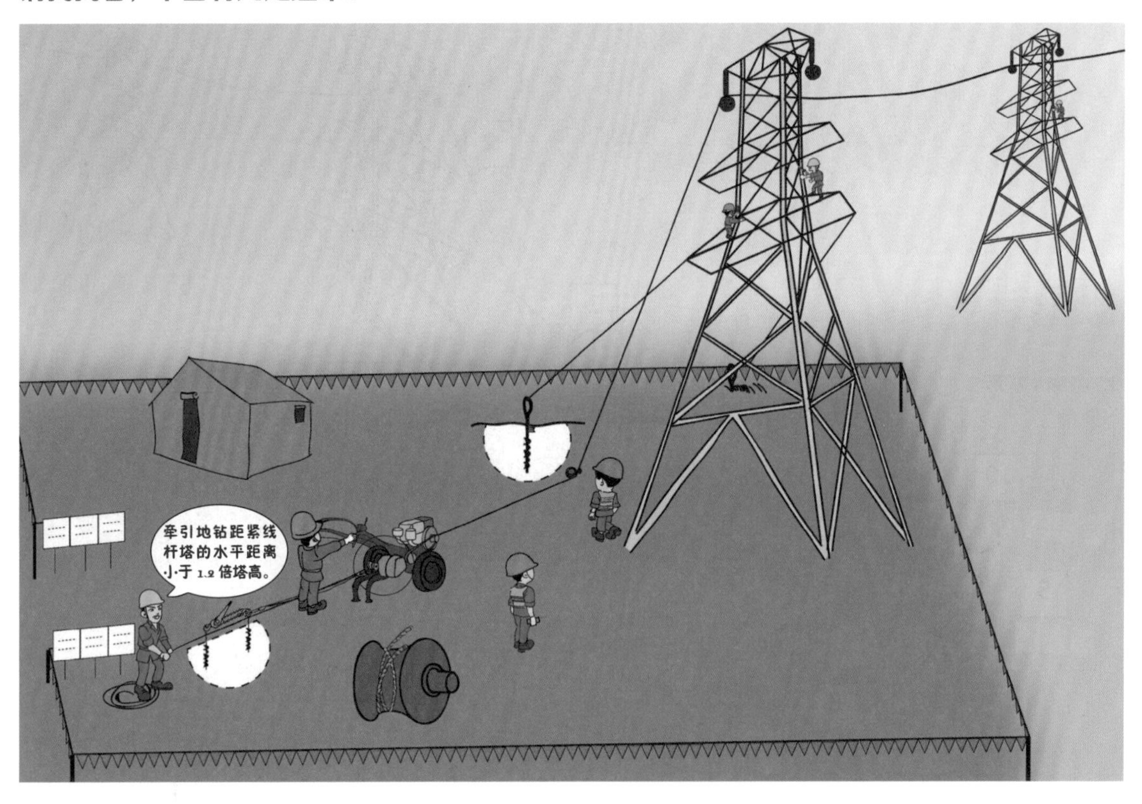

一共有 10 处违章，你答对了吗？

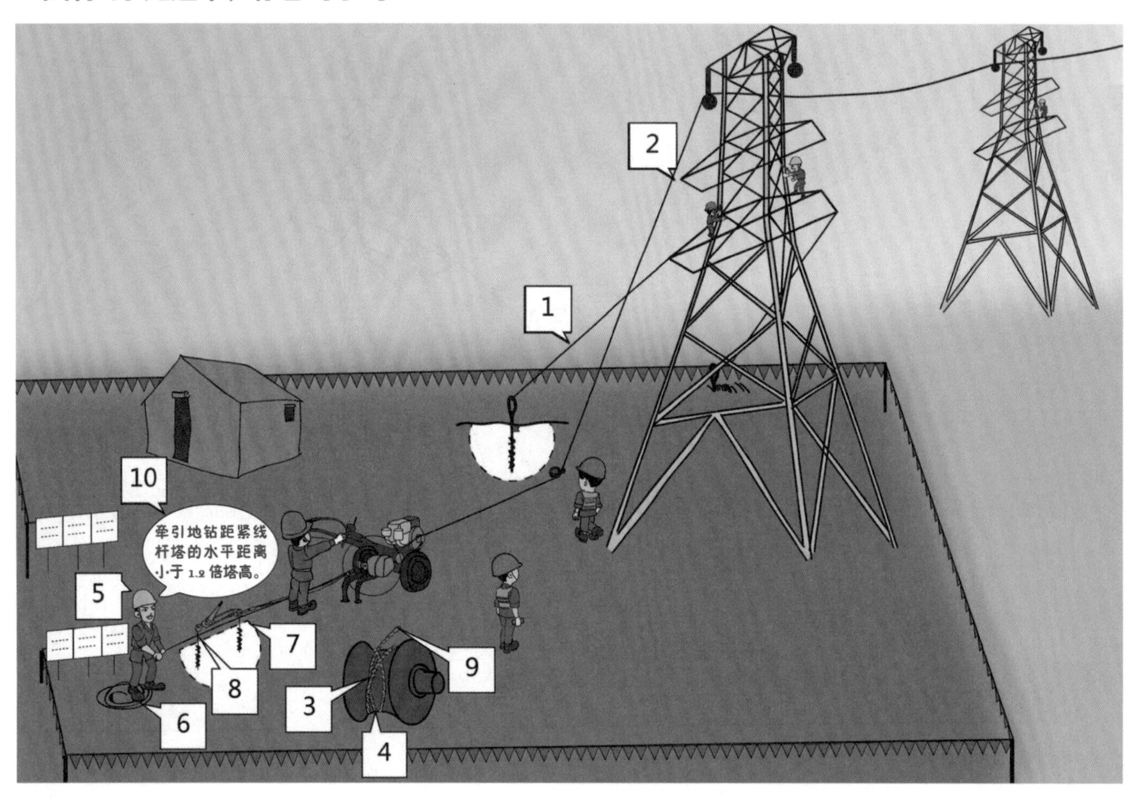

这些违章分别是：

1. 耐张塔反向临时拉线方向不正确。

反向临时拉线设置方向应为杆塔受力的反方向。

2. 耐张塔临时拉线使用数量不足。

临时拉线数量需通过受力计算确定，每条横担上至少应设置1~2根临时拉线。

3. 牵引绳通过机动绞磨时钢丝绳缠绕3圈。

依据《国家电网公司电力安全工作规程（电网建设部分）（试行）》5.1.3.4条款，牵引绳在卷筒或磨芯上缠绕不得少于5圈。

4. 牵引绳通过机动绞磨时钢丝绳重叠缠绕。

依据《国家电网公司电力安全工作规程（电网建设部分）（试行）》5.1.3.4条款，牵引绳通过磨芯时不得重叠或相互缠绕。

5. 拉磨尾绳人员仅1人。

依据《国家电网公司电力安全工作规程（电网建设部分）（试行）》5.1.3.2条款，拉磨尾绳不应少于两人，且应位于锚桩后面、绳圈外侧，不得站在绳圈内，距离绞磨不得小于2.5m；当磨绳上的油脂较多时应清除。

6. 拉磨尾绳人员站在线圈内。

依据《国家电网公司电力安全工作规程（电网建设部分）（试行）》5.1.3.2条款，拉磨尾绳不应少于两人，且应位于锚桩后面、绳圈外侧不得站在绳圈内，距离绞磨不得小于2.5m；当磨绳上的油脂较多时应清除。

7. 机动绞磨拉线地钻未设置道木。

地钻受力后为减少水平偏移，应在地钻受力侧横放一根道木以抵抗其水平分力。

8. 机动绞磨拉线地钻间使用链条葫芦连接。

各地钻锚之间的连接方式必须保证在同一受力链路内至少有一个双钩（或者花篮螺栓）用以调节连接的松紧。

9. 机动绞磨牵引绳从卷筒上方卷入。

依据《国家电网公司电力安全工作规程（电网建设部分）（试行）》5.1.3.4条款，牵引绳应从卷筒下方卷入。

10. 牵引地钻距紧线杆塔的水平距离小于1.2倍塔高。

牵引设备应尽可能设置在顺线路或横线路方向，距塔位的距离应不小于1.2倍塔高。

3. 跨越 35kV 运行电力线路放线

请找找看，下面有几处违章?

一共有 11 处违章，你答对了吗？

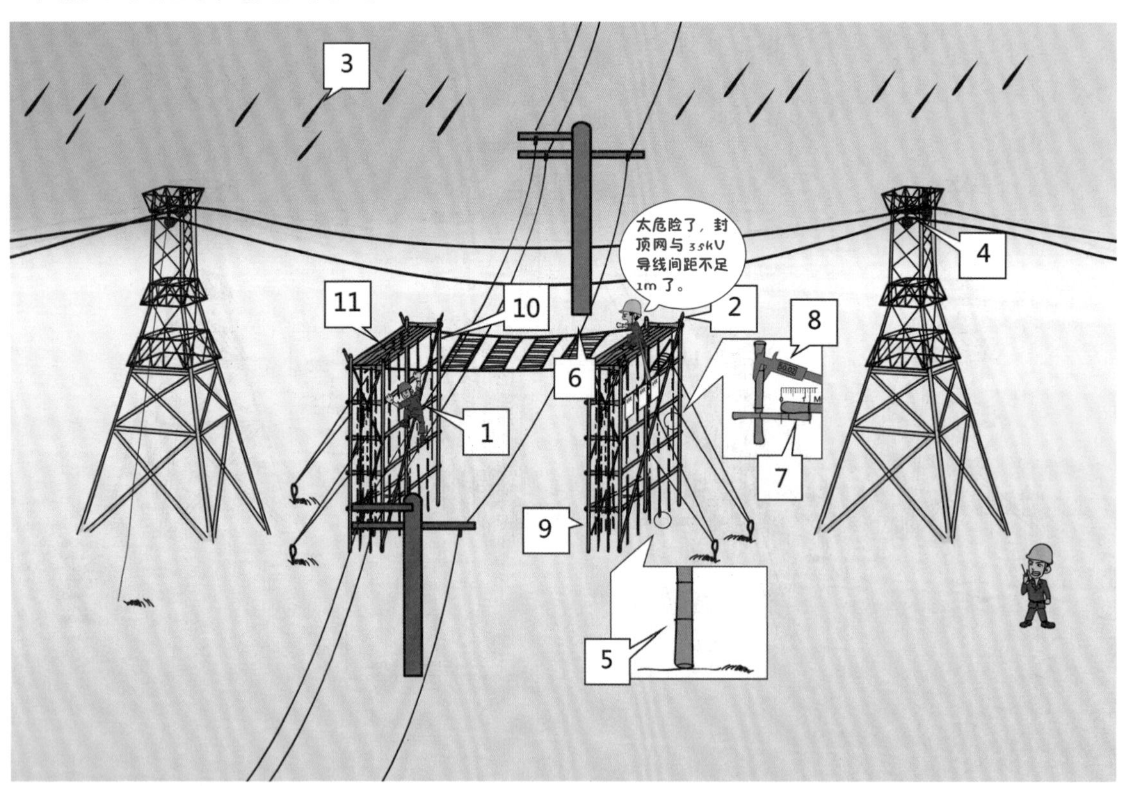

这些违章分别是：

1. 登高人员在跨越架内侧攀登。

依据《跨越电力线路架线施工规程》(DL/T 5106—1999) 6.1.8 条款，跨越不停电线路时，禁止作业人员在跨越架内侧攀登、作业，禁止从封顶架上通过。

2. 跨越架顶面监护人员安全绳低挂高用。

依据《国家电网公司电力安全工作规程（电网建设部分）(试行)》4.1.5 条款，安全带及后备防护设施应高挂低用。

3. 雨天进行带电跨越作业。

依据《国家电网公司电力安全工作规程（电网建设部分）(试行)》11.2.9 条款，跨越不停电线路架线施工应在良好天气下进行，遇雷电、雨、雪、霜、雾，相对湿度大于 85% 或 5 级以上大风天气时，应停止作业。

4. 右侧放线滑车未接地。

依据《国家电网公司电力安全工作规程（电网建设部分）(试行)》11.2.8 条款，跨越档两端铁塔上的放线滑轮均应采取接地保护措施，放线前所有铁塔接地装置应安装完毕并接地可靠。

5. 跨越架未设置，扫地杆也未深埋。

依据《国家电网公司电力安全工作规程（电网建设部分）(试行)》10.1.4 条款，木、竹跨越架立杆均应垂直埋入坑内，杆坑底部应夯实，埋深不得少于 0.5m。

6. 安全网与带电线路安全距离不足。

依据《国家电网公司电力安全工作规程（电网

建设部分）（试行）》11.2.10 条款，架面（含拉线）与 35kV 导线的距离不小于 1.5m。

7. 跨越架搭接长度 1.2 米。

依据《国家电网公司电力安全工作规程（电网建设部分）（试行）》10.1.4 条款，木、竹跨越架的立杆、大横杆应错开搭接，搭接长度不得小于 1.5m。

8. 跨越架材料直径 55 毫米。

依据《国家电网公司电力安全工作规程（电网建设部分）（试行）》10.1.4 条款，毛竹跨越架的立杆、大横杆、剪刀撑和支杆有效部分的小头直径不得小于 75mm，50~75mm 的可双杆合并或单杆加密使用。

9. 跨越架拉线数量不足。

依据《跨越电力线路架线施工规程》5.3.6 条款，跨越架两端及每隔 6~7 根立杆应设置剪刀撑、支杆或拉线，拉线的挂点、支杆或剪刀撑的绑扎点应设在立杆与横杆的交接处，且与地面的夹角不得大于 60°。支杆埋入地下的深度不得小于 0.3m。

10. 跨越架未设置剪刀撑。

依据《跨越电力线路架线施工规程》5.3.6 条款，跨越架两端及每隔 6~7 根立杆应设置剪刀撑、支杆或拉线。

11. 跨越架顶端未设置挂胶滚筒。

依据《跨越电力线路架线施工规程》6.2.9 条款，跨越架顶端，必须设置挂胶滚筒或挂胶滚动横梁。

4. 采用内悬浮抱杆组立铁塔

请找找看，下面有几处违章？

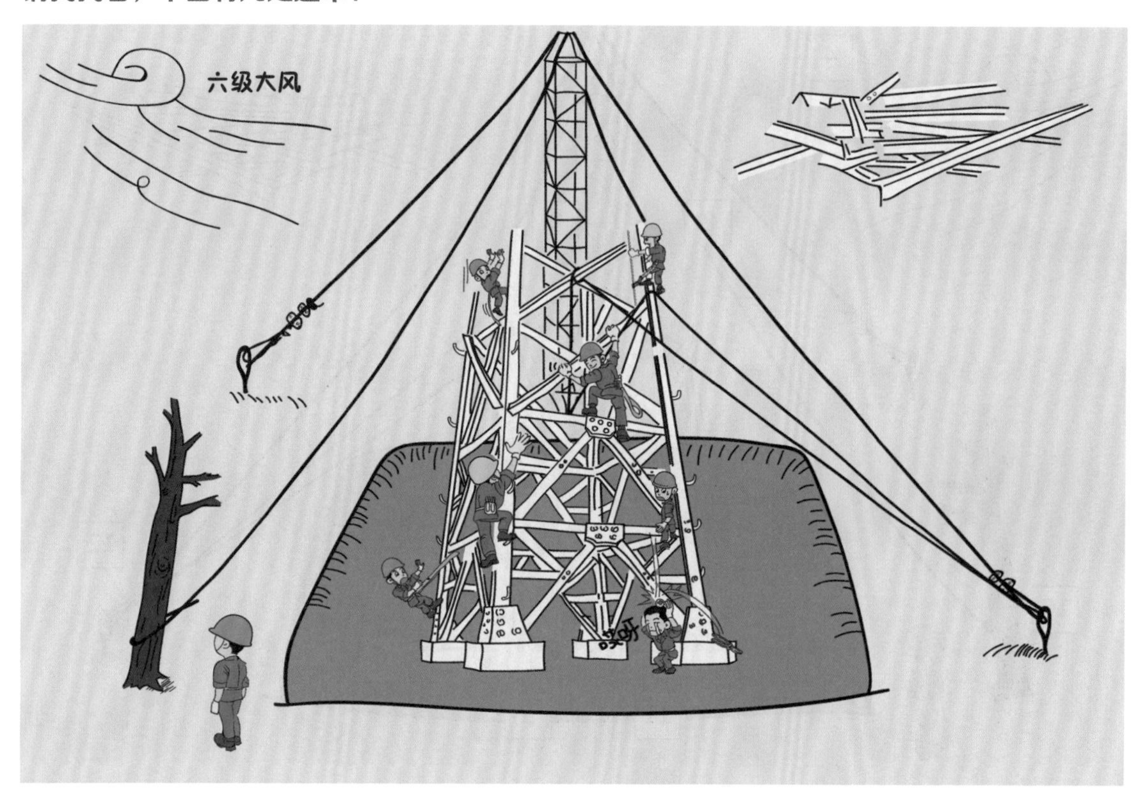

一共有 12 处错误，你答对了吗？

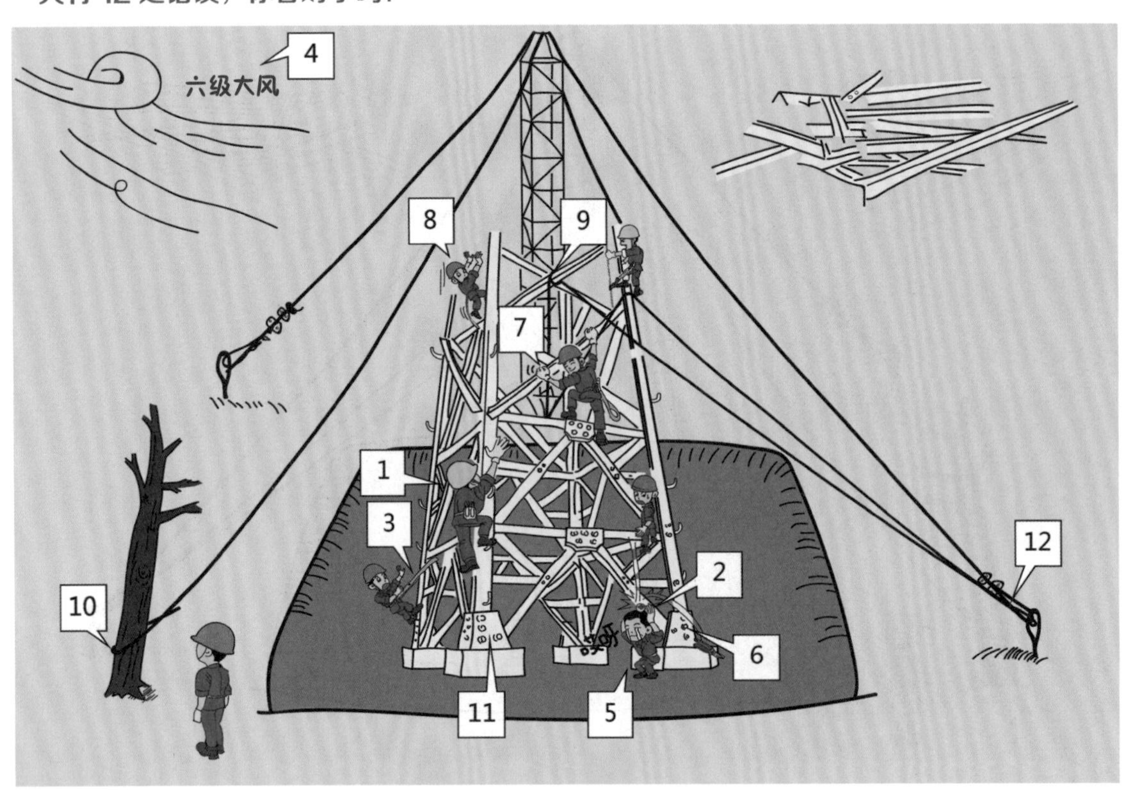

这些违章分别是：

1. 登高人员上下杆塔未按要求使用攀登自锁器。

依据《国家电网公司电力安全工作规程（电网建设部分）（试行）》4.1.16 条款，垂直转移时应使用速差自控器或安全自锁器等装置。

2. 作业人员未按要求正确佩戴安全帽。

依据《国家电网公司电力安全工作规程（电网建设部分）（试行）》5.4.2.1.5 条款，任何人员进入生产、施工现场应正确佩戴安全帽。

3. 作业人员使用不合格的安全带。

依据《国家电网公司电力安全工作规程（电网建设部分）（试行）》4.1.6 条款，安全带使用前应检查是否在有效期内，是否有变形、破裂等情况，禁止使用不合格的安全带。

4. 恶劣气候实施露天高处作业。

依据《国家电网公司电力安全工作规程（电网建设部分）（试行）》4.1.8 条款，遇有六级及以上风或暴雨、雷电、冰雹、大雪、大雾、沙尘暴等恶劣气候时，应停止露天高处作业。

5. 现场人员在高处作业下方危险区内停留或穿行。

依据《国家电网公司电力安全工作规程（电网建设部分）（试行）》4.1.9 条款，高处作业下方危险区内禁止人员停留或穿行，高处作业的危险区应设围栏及“禁止靠近”的安全标志牌。

6. 高处作业人员携带的工具坠落。

依据《国家电网公司电力安全工作规程（电网建设部分）（试行）》4.1.13 条款，高处作业所用的工具和材料应放在工具袋内或用绳索拴在牢固的构件上。

7. 高处作业人员上下杆塔等设施未沿脚钉或爬梯攀登。

依据《国家电网公司电力安全工作规程（电网建设部分）（试行）》4.1.16 条款，高处作业人员上下杆塔等设施应沿脚钉或爬梯攀登。

8. 高处作业人员在攀登或转移作业位置时失去保护。

依据《输电线路工程施工现场关键点作业安全管控措施》高处作业人员必须正确使用攀登自锁器、水平移动时应正确使用水平拉锁或临时扶手。

9. 钢丝绳与金属构件（镀锌塔材）绑扎处未衬垫软物。

依据《国家电网公司电力安全工作规程（电网建设部分）（试行）》9.1.8 条款，钢丝绳与金属构件绑扎处，应衬垫软物。

10. 使用树木代替受力钢丝绳的地锚。

依据《国家电网公司电力安全工作规程（电网建设部分）（试行）》9.1.6 条款，不得利用树木或外露岩石等承力大小不明物体作为主要受力钢丝绳的地锚。

11. 铁塔组立过程中未及时接地。

依据《国家电网公司电力安全工作规程（电网建设部分）（试行）》9.1.8 条款，铁塔组立过程中及电杆组立后，应及时与接地装置连接。

12. 同一个临时地锚上的拉线超过 2 根。

依据《国家电网公司电力安全工作规程（电网建设部分）（试行）》6.9.3.2 条款，固定在同一个临时地锚上的拉线最多不超过两根。

5. 起重机吊装组立铁塔

请找找看，下面有几处违章？

一共有 10 处违章，你答对了吗?

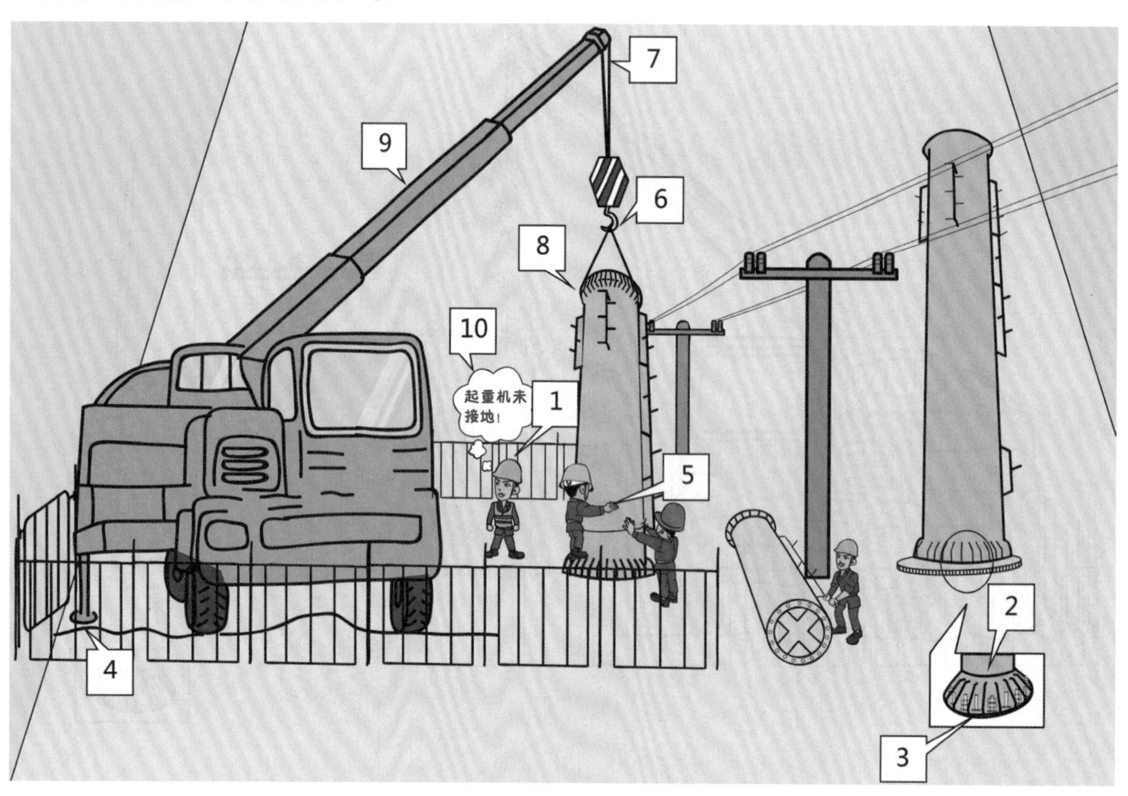

这些违章分别是：

1. 人员在起重臂下方停留。

依据《国家电网公司电力安全工作规程（电网建设部分）（试行）》9.9.10 条款，起重臂下和重物经过的地方禁止有人逗留或通过。

2. 地脚螺栓螺母没紧固到位。

依据《国家电网公司电力安全工作规程（电网建设部分）（试行）》9.1.8 条款，铁塔组立后，地脚螺栓应随即加垫板并拧紧螺帽及打毛丝扣。

3. 地脚螺栓没有安装螺母。

依据《国家电网公司电力安全工作规程（电网建设部分）（试行）》9.1.8 条款，铁塔组立后，地脚螺栓应随即加垫板并拧紧螺帽及打毛丝扣。

4. 吊车支腿未加垫木。

依据《国家电网公司电力安全工作规程（电网建设部分）（试行）》5.1.2.2 条款，汽车式起重机作业前应支好全部支腿，支腿应加垫木。

5. 作业人员站在吊物上。

依据《国家电网公司电力安全工作规程（电网建设部分）（试行）》5.1.1.7 条款，吊物上不可站人，禁止作业人员利用吊钩上升或下降。禁止用起重机械载运人员。

6. 起重机吊钩没有防脱钩装置。

依据《国家电网公司电力安全工作规程（电网建设部分）（试行）》4.5.18 条款，起吊物体应绑扎牢固，吊钩应有防止脱钩的保险装置。

7. 起重机没有限位装置。

依据《国家电网公司电力安全工作规程（电网建设部分）（试行）》4.5.12 条款，起重机械的各种监测仪表以及制动器、限位器、安全阀、闭锁机构等安全装置应完好齐全、灵敏可靠，不得随意调整或拆除。

8. 起吊重物未设置控制绳。

依据《国家电网公司电力安全工作规程（电网建设部分）（试行）》5.1.1.3 条款，对易晃动的重物应拴好控制绳。

9. 起重臂需跨越电力线进行作业。

依据《国家电网公司电力安全工作规程（电网建设部分）（试行）》5.1.1.8 条款，禁止起重臂跨越电力线进行作业。

10. 电力线附近组塔，起重机未可靠接地。

依据《国家电网公司电力安全工作规程（电网建设部分）（试行）》9.9.8 条款，在电力线附近组塔时，起重机应接地良好。

6. 线路灌注桩基础施工

请找找看，下面有几处违章？

一共有 13 处违章，你答对了吗?

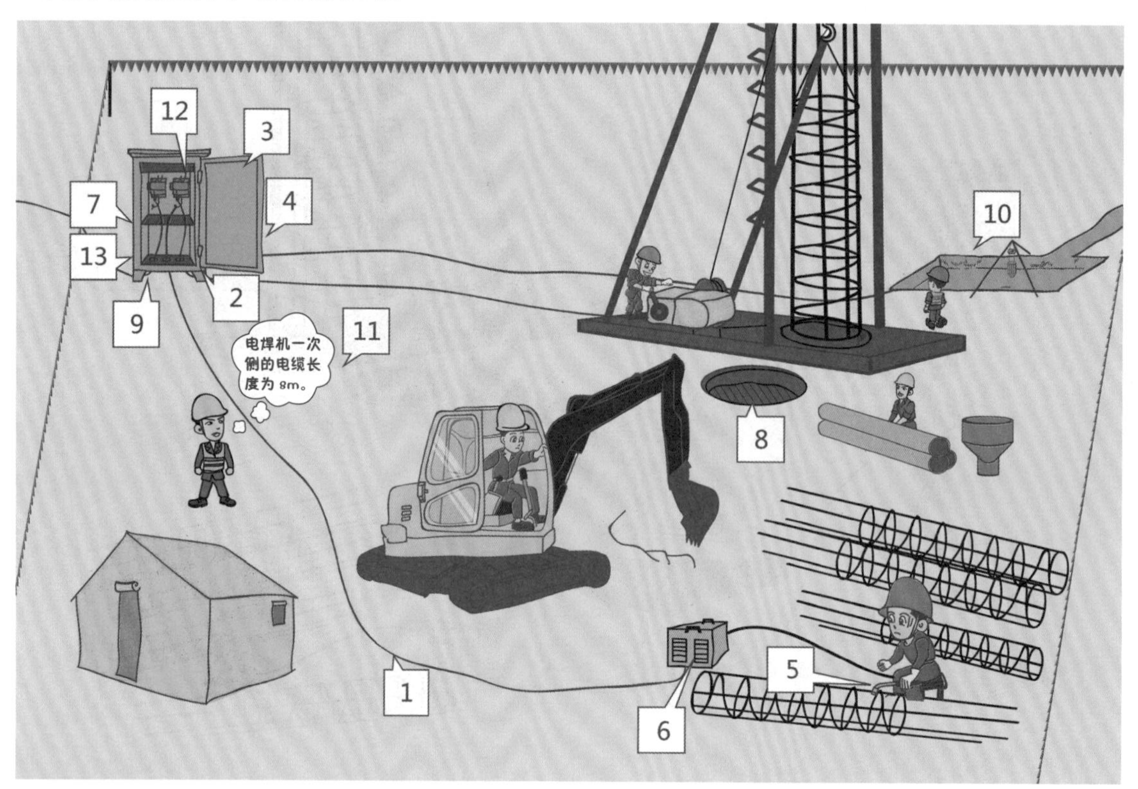

这些违章分别是：

1. 临时用电电缆未做架空或者掩埋处理。

依据《施工现场临时用电安全技术规范》7.2.3条款，电缆线路应采用埋地或架空敷设，严禁沿地面明设，并应避免机械损伤和介质腐蚀。

2. 配电箱门与箱体未做跨接。

依据《施工现场临时用电安全技术规范》8.1.13条款，配电箱、开关箱的金属箱体、金属电器安装板以及电器正常不带电的金属底座、外壳等必须通过 PE 线端子板与 PE 线做电气连接，金属箱门与金属箱体必须通过采用编织软铜线做电气连接。

3. 配电箱无接线图。

依据《施工现场临时用电安全技术规范》8.3.1条款，配电箱、开关箱应有名称、用途、分路标记及系统接线图。

4. 配电箱无试跳记录。

依据《施工现场临时用电安全技术规范》8.3.3条款，配电箱、开关箱应定期检查、维修。检查、维修人员必须是专业电工。检查、维修时必须按规定穿、戴绝缘鞋、手套，必须使用电工绝缘工具，并应做检查、维修工作记录。

5. 焊接人员未佩戴防护用品。

依据《施工现场临时用电安全技术规范》9.5.5条款，使用电焊机械焊接时必须穿戴防护用品。严禁露天冒雨从事电焊作业。

6. 焊机未接地。

依据《建设工程施工现场供用电安全规范》9.4.2条款，电焊机的外壳应可靠接地，不得串联接地。

7. 配电箱未上锁。

依据《国家电网公司电力安全工作规程（电网建设部分）（试行）》3.5.6.3 条款，配电室和现场的配电柜或总配电箱、分配电箱应配锁具。

8. 孔洞无盖板。

依据《国家电网公司电力安全工作规程（电网建设部分）（试行）》3.1.6 条款，坑、沟、孔洞等均应铺设符合安全要求的盖板或设可靠的围栏、挡板及安全标志。

9. 现场未配备消防器材。

依据《国家电网公司电力安全工作规程（电网建设部分）（试行）》3.6.1.1 条款，施工现场、仓库及重要机械设备、配电箱旁，生活和办公区等应配置相应的消防器材。

10. 泥浆池无围栏及明显警示标志。

依据《国家电网公司电力安全工作规程（电网建设部分）（试行）》6.5.1.1 条款，作业场地应平整压实，软土地基地面应加垫路基箱或厚钢板，作业区域及泥浆池、污水池等应有明显标志或围栏。

11. 电焊机一次侧的电缆长度为 8 米。

依据《建设工程施工现场供用电安全规范》9.4.7 条款，电焊机一次侧的电源电缆应绝缘良好，其长度不宜大于 5m。

12. 两台用电设备（电焊机、钻机）共用一台保护电器。

依据《建设工程施工现场供用电安全规范》6.3.3 条款，当一个末级配电箱直接控制多台用电设备或插座时，每台用电设备或插座应有各自独立的保护电器。

13. 配电箱金属外壳未接地。

依据《国家电网公司电力安全工作规程（电网建设部分）（试行）》3.5.4.5 条款，配电箱应坚固，金属外壳接地或接零良好。

7. 人工挖孔桩施工

请找找看，下面有几处违章？

一共有 11 处违章，你答对了吗？

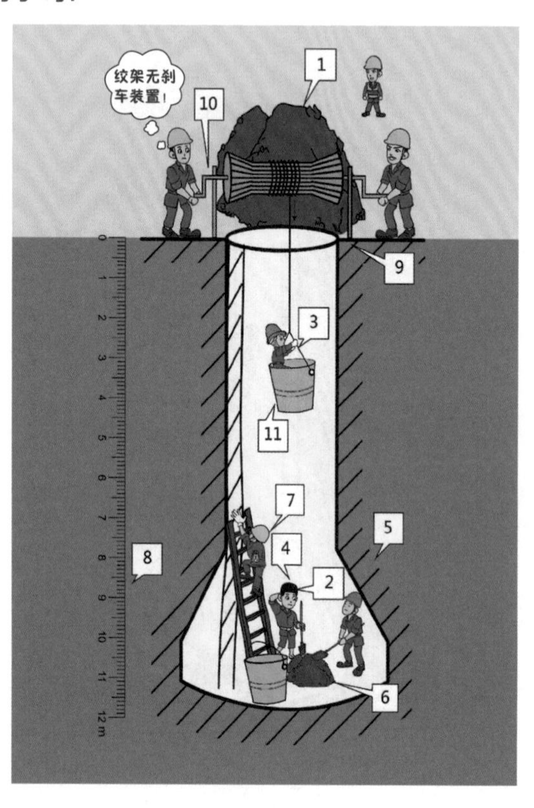

这些违章分别是:

1. 在扩孔范围内堆土。

依据《国家电网公司电力安全工作规程(电网建设部分)(试行)》6.1.1.7 条款，堆土应距坑边 1m 以外，高度不得超过 1.5m。

2. 基坑底部作业人员未戴安全帽。

依据《国家电网公司电力安全工作规程(电网建设部分)(试行)》2.2.8 条款，作业人员应严格遵守现场安全作业规章制度和作业规程，服从管理，正确使用安全工器具和个人安全防护用品。

3. 作业人员利用起重设施上下。

依据《国家电网公司电力安全工作规程(电网建设部分)(试行)》5.1.1.7 条款，吊物上不可站人，禁止作业人员利用吊钩上升或下降。

4. 基坑底部作业人员站在吊桶正下方作业。

依据《国家电网公司电力安全工作规程(电网建设部分)(试行)》4.1.9 条款，高处作业下方危险区内禁止人员停留或穿行。吊运土方时，孔内人员应靠孔壁站立。

5. 基坑内超过 3 人作业。

依据《输电线路工程施工现场关键点作业安全管控措施》，孔下作业不得超过两人，每次不得超过 2 小时。

6. 基坑底部作业人员面对面作业。

依据《国家电网公司电力安全工作规程(电网建设部分)(试行)》6.1.4.3 条款，挖掘作业人员之间，横向间距不得小于 2m，纵向间距不得小于 3m；坑底面积超过 $2m^2$ 时，可由两人同时挖掘，但不得面对面作业。

7. 人工挖孔桩作业人员上下使用硬梯。

依据《变电站（换流站）工程施工现场关键点作业安全管控措施》，规范设置软爬梯供作业人员上下。

8. 未设置送风装置。

依据《国家电网公司电力安全工作规程（电网建设部分）（试行）》5.5.2 条款，当孔深超过 10m 时或孔内有沼气等有害气体时，应对孔内进行送风补氧。每天应先行对孔内送风 10min 以上，人员方能下井作业。

9. 孔口四周未设置护栏。

依据《建筑桩基技术规范》（JGJ 94—2008）6.6.7 条款，孔口四周必须设置护栏，护栏高度宜为 0.8m。

10. 绞架无刹车装置。

依据《国家电网公司电力安全工作规程（电网建设部分）（试行）》6.5.3.9 条款，绞架刹车装置应可靠。吊运土方时孔内人员应靠孔壁站立。

11. 提土斗未采用软布袋或竹篮等轻型工具制作。

依据《国家电网公司电力安全工作规程（电网建设部分）（试行）》6.5.3.10 条款，提土斗应为软布袋或竹篮等轻型工具。

变电工程安装篇

1. 构架吊装

请找找看，下面有几处违章？

一共有 10 处违章，你答对了吗?

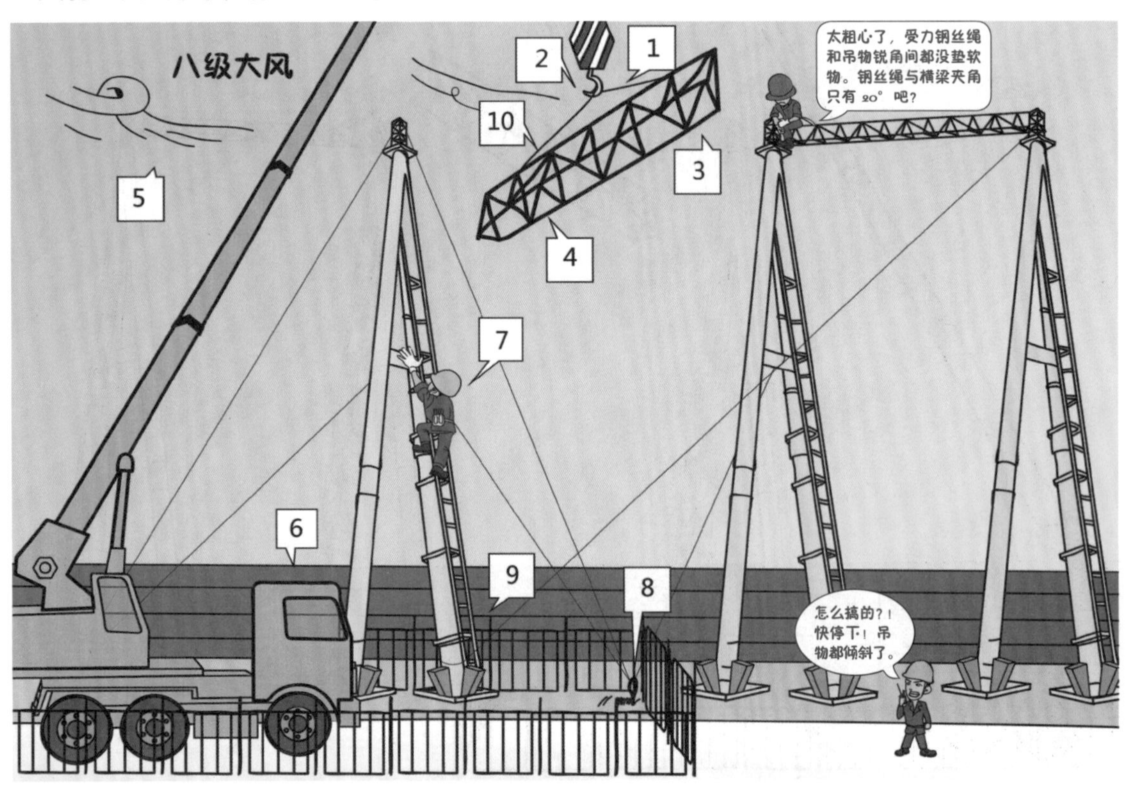

这些违章分别是：

1. 吊索与物件棱角间未加垫块。

依据《国家电网公司电力安全工作规程（电网建设部分）（试行）》5.1.1.2 条款，吊索与物件棱角之间应加垫块。

2. 起重机吊钩没有防脱钩装置。

依据《国家电网公司电力安全工作规程（电网建设部分）（试行）》4.5.18 条款，起吊物体应绑扎牢固，吊钩应有防止脱钩的保险装置。

3. 横梁吊装未设置控制绳。

依据《国家电网公司电力安全工作规程（电网建设部分）（试行）》6.9.3.7 条款，起吊横梁时，在吊点处应对吊带或钢丝绳采取防磨损措施，并应在横梁两端分别系控制绳，控制横梁方位。

4. 未进行起吊前的检查，吊物倾斜。

依据《国家电网公司电力安全工作规程（电网建设部分）（试行）》6.9.3.4 条款，吊件离地面约 100mm 时，应停止起吊，全面检查确认无问题后，方可继续，起吊应平稳。

5. 在大风天气下实施吊装作业。

依据《国家电网公司电力安全工作规程（电网建设部分）（试行）》4.5.16 条款，在露天有六级及以上大风或大雨、大雪、大雾、雷暴等恶劣天气时，应停止起重吊装作业。

6. 汽车式起重机未支支腿。

依据《国家电网公司电力安全工作规程（电网建设部分）（试行）》5.1.2.2 条款，汽车式起重机作业前应支好全部支腿，支腿应加垫木。

7. 高处作业人员沿爬梯攀登时失去保护。

依据《国家电网公司电力安全工作规程（电网建设部分）（试行）》4.1.16 条款，高处作业人员杆塔上垂直转移时应使用速差自控器或安全自锁器等装置。

8. 3 根拉线固定在同一临时地锚上。

依据《电力建设安全工作规程 第 3 部分：变电站》4.8.3 条款，固定在同一临时地锚上的拉线最多不超过两根。

9. 拉线固定在构支架根部。

拉线设置在未固定牢固的建构筑上。

10. 吊索与物件的夹角小于 30°。

依据《国家电网公司电力安全工作规程（电网建设部分）（试行）》5.1.1.2 条款，吊索与物件的夹角宜采用 45°～60°，且不得小于 30° 或大于 120°。

2. 构架螺栓复紧

请找找看，下面有几处违章？

一共有 10 处违章，你答对了吗？

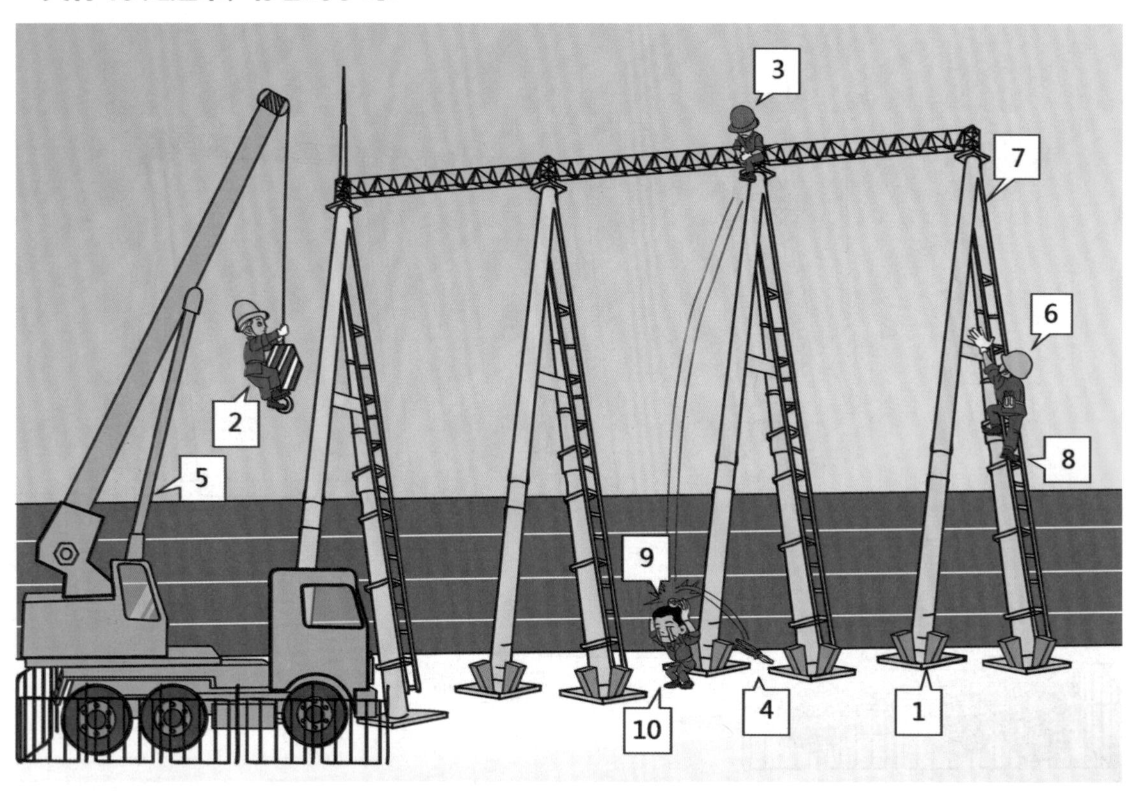

这些违章分别是：

1. 构架未设置接地。

依据《国家电网公司电力安全工作规程（电网建设部分）（试行）》4.8.1.7 条款，铁塔、构架、避雷针、避雷线一经安装应接地。

2. 作业人员使用吊钩上下。

依据《国家电网公司电力安全工作规程（电网建设部分）（试行）》5.1.1.7 条款，吊物上不可站人，禁止作业人员利用吊钩上升或下降。禁止用起重机械载运人员。

3. 高空作业人员转移作业时没有保护。

依据《国家电网公司电力安全工作规程（电网建设部分）（试行）》4.1.16 条款，高处作业人员上下杆塔等设施应沿脚钉或爬梯攀登，在攀登或转移作业位置时不得失去保护。依据《变电站工程施工现场关键点作业安全管控措施》，高处作业人员攀爬 A 字杆时，必须使用提前设置的垂直攀爬自锁器；在横梁上行走时，必须提前设置水平安全绳，在转移作业时，不得失去保护。

4. 高处作业人员未使用工具袋。

依据《国家电网公司电力安全工作规程（电网建设部分）（试行）》6.4.2.2.10 条款，作业人员应佩戴工具袋，作业时将螺栓 / 螺帽、垫块、销卡、扣件等小物品放在工具袋内，后将工具袋吊下，不得抛掷。

5. 汽车式起重机未支支腿。

依据《国家电网公司电力安全工作规程（电网建设部分）（试行）》5.1.2.2 条款，汽车式起重机作业前应支好全部支腿，支腿应加垫木。

6. 未设置拉线人员开始登杆作业。

依据《变电站（换流站）工程施工现场关键点作业安全管控措施》，杆根部及临时拉线固定后，再开始登高作业。

7. 构架未设置拉线。

依据《国家电网公司电力安全工作规程（电网建设部分）（试行）》4.8.1.6 条款，对正在组装、吊装的构支架应确保地锚埋设和拉线固定牢靠，独立的构架组合应采用四面拉线固定。

8. 高空作业人员攀登时失去保护。

依据《国家电网公司电力安全工作规程（电网建设部分）（试行）》4.1.16 条款，高处作业人员上下杆塔等设施应沿脚钉或爬梯攀登，在攀登或转移作业位置时不得失去保护。

依据《变电站工程施工现场关键点作业安全管控措施》，高处作业人员攀爬 A 字杆时，必须使用提前设置的垂直攀爬自锁器；在横梁上行走时，必须提前设置水平安全绳，在转移作业时，不得失去保护。

9. 作业人员未佩戴安全帽。

依据《电力建设安全工作规程　第 3 部分：变电站》3.2.7 条款，进入施工现场的人员应正确佩戴安全帽。

10. 现场人员在高处作业下方危险区内停留或穿行。

依据《国家电网公司电力安全工作规程（电网建设部分）（试行）》4.1.9 条款，高处作业下方危险区内禁止人员停留或穿行，高处作业的危险区应设围栏及“禁止靠近”的安全标志牌。

3. 主变压器耐压试验

请找找看，下面有几处违章?

一共有 7 处违章，你答对了吗？

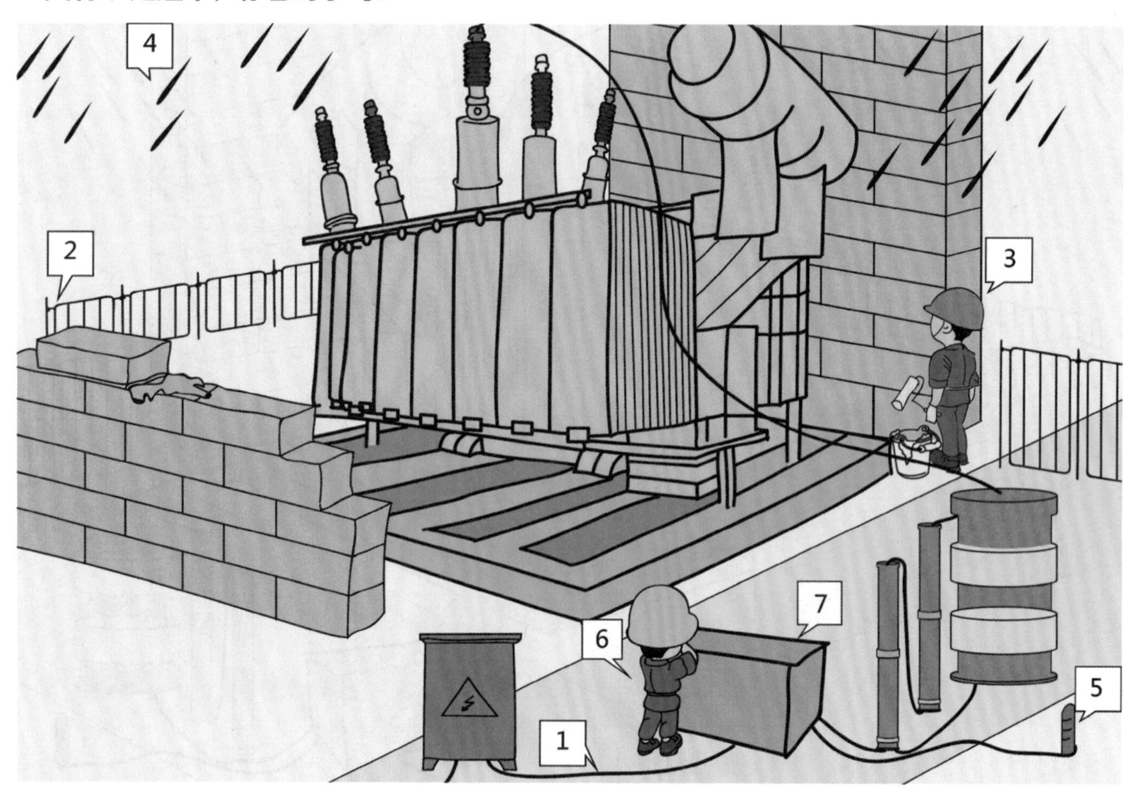

这些违章分别是：

1. 电源电缆线直接敷设在地面上。

依据《国家电网公司电力安全工作规程（电网建设部分）（试行）》3.5.4.8 条款，电缆线路应采用埋地或架空敷设，禁止沿地面明设，并应避免机械损伤和介质腐蚀。

2. 安全围挡设置不到位且无人看守。

依据《国家电网公司电力安全工作规程（电网建设部分）（试行）》7.13.2.3 条款，现场高压试验区域应设置遮栏或围栏，向外悬挂“止步，高压危险！”的安全标志牌，并设专人看护，被试设备两端不在同一地点时，另一端应同时派人看守。

3. 防火墙勾缝人员在试验区作业。

依据《国家电网公司电力安全工作规程（电网建设部分）（试行）》7.13.2.3 条款，现场高压试验区域应设置遮栏或围栏，向外悬挂“止步，高压危险！”的安全标志牌，并设专人看护，被试设备两端不在同一地点时，另一端应同时派人看守。

4. 主变压器耐压试验在下雨时进行。

依据《国家电网公司电力安全工作规程（电网建设部分）（试行）》7.13.2.13 条款，遇有雷电、雨、雪、雹、雾和六级以上大风时应停止高压试验。

5. 高压试验设备接地不可靠。

依据《国家电网公司电力安全工作规程（电网建设部分）（试行）》7.13.2.2 条款，高压试验设备和被试验设备的接地端或外壳应可靠接地。

6. 现场未使用绝缘鞋、绝缘手套和绝缘垫。

依据《国家电网公司电力安全工作规程（电网

建设部分)(试行)》7.13.2.8条款，高压试验操作人员应穿绝缘靴或站在绝缘台(垫)上，并戴绝缘手套。

7. 高压试验人员数量不足。

依据《国家电网公司电力安全工作规程(电网建设部分)(试行)》7.13.2.1条款，进行高压试验时，应明确试验负责人，试验人员不得少于两人，试验负责人是作业的安全责任人，对试验作业的安全全面负责。

4. 改扩建工程安装

请找找看，下面有几处违章?

一共有 9 处违章，你答对了吗？

这些违章分别是：

1. 施工人员随意移动安全围栏。

依据《国家电网公司电力安全工作规程（电网建设部分）（试行）》8.3.3.6 条款，设置的围栏应醒目、牢固。禁止任意移动或拆除围栏、接地线、安全标志牌及其他安全防护设施。

2. 用安全绳替代硬质围栏。

依据《国家电网公司电力安全工作规程（电网建设部分）（试行）》8.3.3.6 条款，设置的围栏应醒目、牢固。禁止任意移动或拆除围栏、接地线、安全标志牌及其他安全防护设施。

3. 梯子由 1 人肩扛搬运。

依据《国家电网公司电力安全工作规程（电网建设部分）（试行）》8.1.5.1 条款，在运行的变电站及高压配电室搬动梯子、线材等长物时，应放倒两人搬运，并应与带电部分保持安全距离。在运行的变电站手持非绝缘物件时不应超过本人的头顶，设备区内禁止撑伞。

4. 施工现场有白塑料袋等漂浮物。

依据《国家电网公司电力安全工作规程（电网建设部分）（试行）》8.1.5.4 条款，施工现场应随时固定或清除可能漂浮的物体。

5. 设备绑扎方式有误。

依据《国家电网公司电力安全工作规程（电网建设部分）（试行）》5.1.1.3 条款，吊件吊起 100mm 后应暂停，检查起重系统的稳定性、制动器的可靠性、物件的平稳性、绑扎的牢固性，确认无误后方可继续起吊。对易晃动的重物应拴好控制绳。

6. 起重臂与带电设备间安全距离不足。

依据《国家电网公司电力安全工作规程（电网建设部分）（试行）》8.2.3 条款，施工机械与带电设备间的安全距离（220kV：不小于 3m；110kV；不小于 1.5m；500kV：不小于 5m；330kV：不小于 4m）。

7. 人员在梯子上作业时，下部没有人扶持和监护。

依据《国家电网公司电力安全工作规程（电网建设部分）（试行）》5.4.4.1.5 条款，梯子应放置稳固，梯脚要有防滑装置。使用前，应先进行试登，确认可靠后方可使用。有人员在梯子上作业时，梯子应有人扶持和监护。

8. 站内运输车辆超速行驶。

依据《国家电网公司电力安全工作规程（电网建设部分）（试行）》3.2.4 条款，现场的机动车辆应限速行驶，行驶速度一般不得超过 15km/h；机动车在特殊地点、路段或遇到特殊情况时的行驶速度不得超过 5km/h，并应在显著位置设置限速标志。

9. 现场运输设备卡车过高。

依据《电力建设安全工作规程 第 3 部分：变电站》3.4.6 条款，运输超高、超长、超宽或重量大的物件时，对运输道路上方的障碍物及带电体进行测量，其安全距离应满足规定。

5. 封闭式组合电器安装

请找找看，下面有几处违章?

一共有 9 处违章，你答对了吗？

这些违章分别是：

1. SF_6 气体未送检测单位检测。

依据《电气装置安装工程高压电器施工及验收规范》5.3.2 条款，六氟化硫气体运到现场后，每瓶均应做含水量检测。

2. SF_6 气瓶没有保护帽。

依据《国家电网公司电力安全工作规程（电网建设部分）（试行）》7.3.4 条款，六氟化硫气瓶的安全帽、防振圈应齐全，安全帽应拧紧。搬运时应轻装轻卸，禁止抛掷、溜放。

3. 高空作业人员未佩戴安全带。

依据《国家电网公司电力安全工作规程（电网建设部分）（试行）》4.1.5 条款，高处作业人员应正确使用安全带。

4. 吊钩无防脱钩装置。

依据《国家电网公司电力安全工作规程（电网建设部分）（试行）》4.5.18 条款，起吊物体应绑扎牢固，吊钩应有防止脱钩的保险装置。

5. SF_6 气体充装人员未佩戴劳动防护用品。

依据《国家电网公司电力安全工作规程（电网建设部分）（试行）》7.3.14 条款，对六氟化硫断路器、组合电器进行气体回收应使用回收装置，作业人员应佩戴手套和口罩，并站在上风口。

6. SF_6 气瓶倾倒在地。

易燃易爆液体或气体（油料、乙炔气瓶、氧气瓶、六氟化硫气瓶）应有防碰撞、防倾倒设施，应直立放置。

7. GIS 气室充装气体不符合要求。

按照产品技术要求，气体充装时要注意保持气室间的压力平衡。

8. 气瓶混放。

依据《国家电网公司电力安全工作规程（电网建设部分）（试行）》7.3.4 条款，六氟化硫气瓶不得与其他气瓶混放。

9. 吊物未设置控制绳。

依据《国家电网公司电力安全工作规程（电网建设部分）（试行）》5.1.1.3 条款，对易晃动的重物应拴好控制绳。

6. 钢结构施工

请找找看，下面有几处违章?

一共有 8 处违章，你答对了吗？

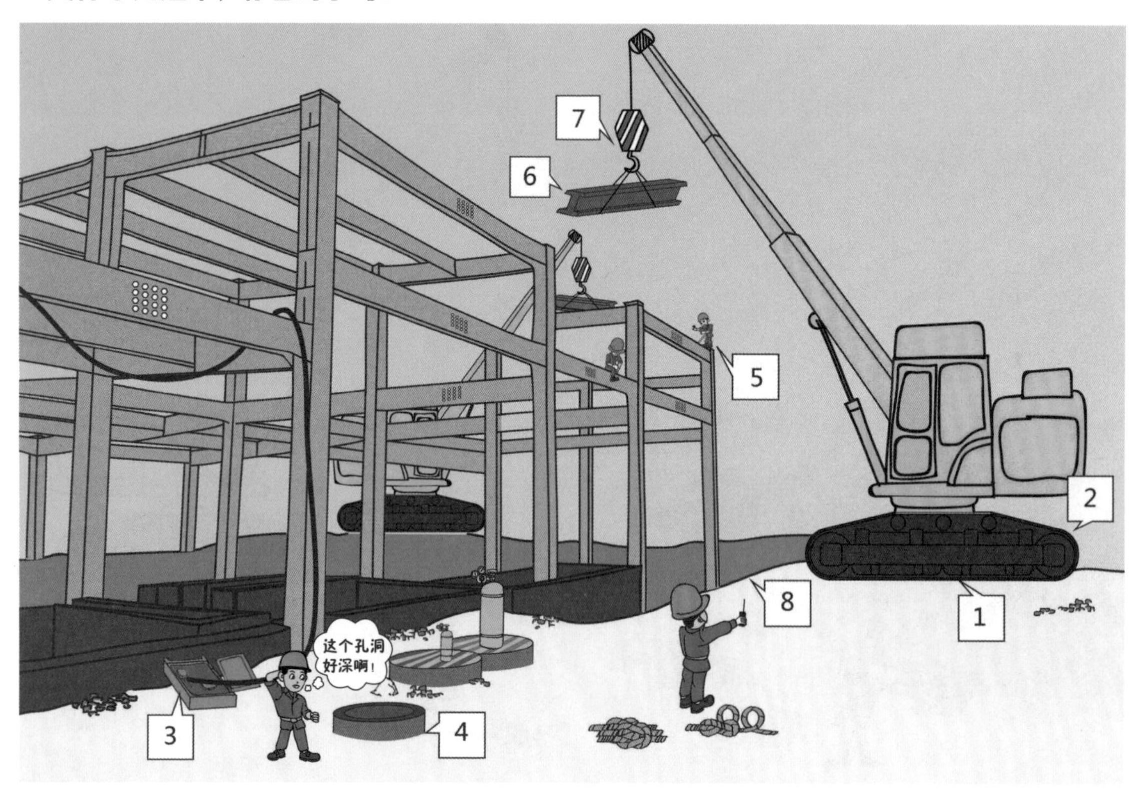

这些违章分别是：

1. 现场使用起重机前后无安全维护。

依据《国家电网公司电力安全工作规程（电网建设部分）（试行）》4.5.15 条款，起重作业应划定作业区域并设置相应的安全标志，禁止无关人员进入。

2. 起重机未接地。

起重机施工时，起重机外壳应接地。

3. 焊机施工的临时用电线路随意摆放在钢结构上。

依据《国家电网公司电力安全工作规程（电网建设部分）（试行）》3.5.4.12 条款，用电线路及电气设备的绝缘应良好，布线应整齐，设备的裸露带电部分应加防护措施。架空线路的路径应合理选择，避开易撞、易碰以及易腐蚀场所。

4. 钢结构吊装附近孔洞未做防护。

依据《国家电网公司电力安全工作规程（电网建设部分）（试行）》3.1.6 条款，坑、沟、孔洞等均应铺设符合安全要求的盖板或设可靠的围栏、挡板及安全标志。

5. 高处作业人员无安全防护措施。

依据《国家电网公司电力安全工作规程（电网建设部分）（试行）》4.1.5 条款，高处作业人员应正确使用安全带，宜使用全方位防冲击安全带。安全带及后备防护设施应高挂低用。高处作业过程中，应随时检查安全带绑扎的牢靠情况。

6. 吊物无控制绳。

依据《国家电网公司电力安全工作规程（电网建设部分）（试行）》5.1.1.3 条款，吊件吊起 100mm

后应暂停，检查起重系统的稳定性、制动器的可靠性、物件的平稳性、绑扎的牢固性，确认无误后方可继续起吊。对易晃动的重物应拴好控制绳。

7. 起重机吊钩无防脱扣装置。

依据《国家电网公司电力安全工作规程（电网建设部分）（试行）》4.5.18 条款，起吊物体应绑扎牢固，吊钩应有防止脱钩的保险装置。

8. 临边无防护。

依据《国家电网公司电力安全工作规程（电网建设部分）（试行）》3.1.6 条款，坑、沟、孔洞等均应铺设符合安全要求的盖板或设可靠的围栏、挡板及安全标志。危险场所夜间应设警示灯。

7. 悬吊式管型母线安装

请找找看，下面有几处违章？

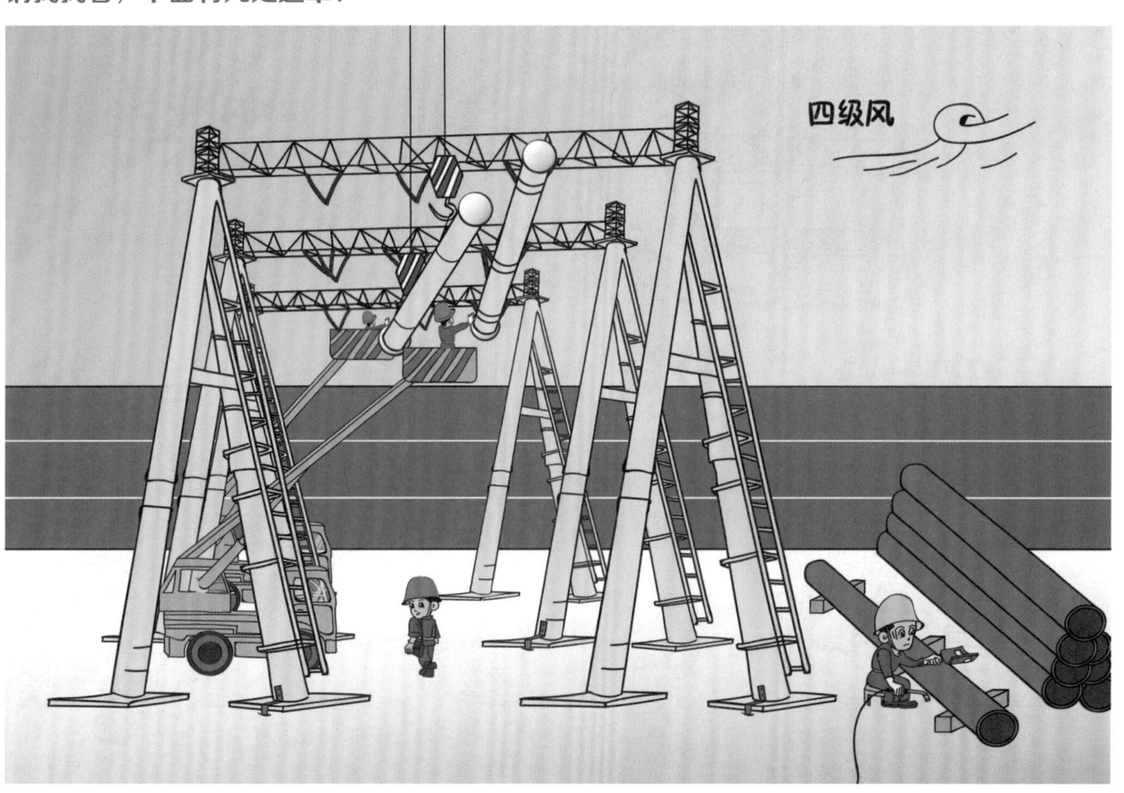

一共有 7 处违章，你答对了吗?

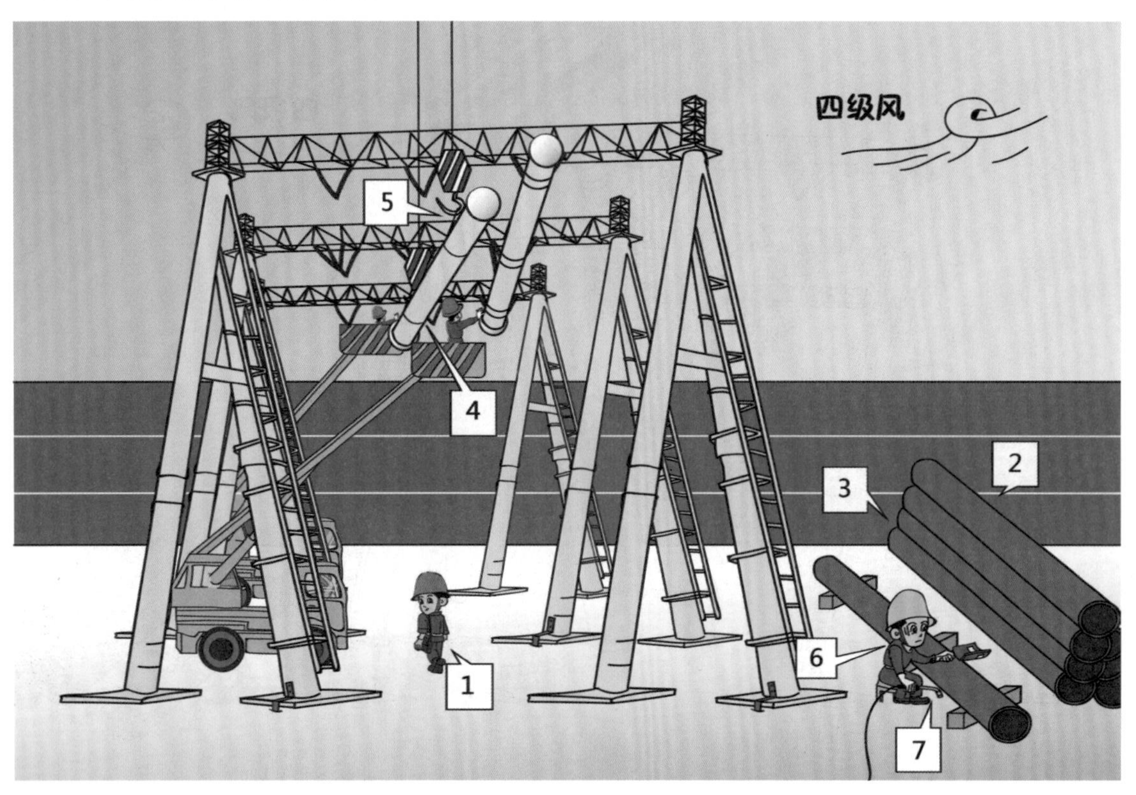

这些违章分别是：

1. 吊物下方有人行走。

依据《国家电网公司电力安全工作规程（电网建设部分）（试行）》7.11.1.8 条款，母线架设应统一指挥，在架线时导线下方不得有人站立或行走。

2. 悬吊式管母堆放超过 3 层。

依据《变电站（换流站）工程施工现场关键点作业安全管控措施》，管母现场保管应保证安装完好，堆放层数不应超过三层，层间应设枕木隔离。

3. 悬吊式管母未采用防止滚动的措施。

依据《国家电网公司电力安全工作规程（电网建设部分）（试行）》7.11.2.5 条款，管型母线放置应采取防止滚动和隔离警示的措施。

4. 两台汽车式起重机起吊不同步，吊物倾斜。

依据《国家电网公司电力安全工作规程（电网建设部分）（试行）》9.9.9 条款，两台起重机应互相协调，起吊速度应基本一致。

5. 汽车式起重机吊钩无防脱扣装置。

依据《国家电网公司电力安全工作规程（电网建设部分）（试行）》4.5.18 条款，起吊物体应绑扎牢固，吊钩应有防止脱钩的保险装置。

6. 氩弧焊焊接人员没有佩戴口罩。

依据《国家电网公司电力安全工作规程（电网建设部分）（试行）》4.6.1.1 条款，进行焊接或切割作业时，操作人员应穿戴专用工作服、绝缘鞋、防护手套等符合专业防护要求的劳动保护用品。

7. 氩弧焊施工现场没有防风措施。

依据《国家电网公司电力安全工作规程（电网建设部分）（试行）》4.6.1.11 条款，在风力五级以上及下雨、下雪时，不可露天或高处进行焊接和切割作业。如必须作业时，应采取防风、防雨雪的措施。

变电站土建工程篇

1. 危险品仓库搭设

请找找看，下面有几处违章?

一共有 11 处违章，你答对了吗？

这些违章分别是：

1. 汽油桶露天放置。

依据《国家电网公司电力安全工作规程（电网建设部分）（试行）》3.4.5 条款，汽油、酒精、油漆及稀释剂等挥发性易燃材料应密封存放，配消防器材，悬挂相应安全标志。

2. 危险品库房外未放置消防器材。

依据《国家电网公司电力安全工作规程（电网建设部分）（试行）》3.4.5 条款，易燃、易爆及有毒有害物品等应分别存放在与普通仓库隔离的危险品仓库内，危险品仓库的库门应向外开，按有关规定严格管理。汽油、酒精、油漆及稀释剂等挥发性易燃材料应密封存放，配消防器材，悬挂相应安全标志。

3. 危险品库房未设置通风口。

依据《国家电网公司电力安全工作规程（电网建设部分）（试行）》3.6.2.4 条款，氧气、乙炔气、汽油等危险品仓库，应采取避雷及防静电接地措施，屋面应采用轻型结构，门、窗不得向内开启，保持通风良好。

4. 危险品库房内氧气瓶和乙炔瓶混放。

依据《国家电网公司电力安全工作规程（电网建设部分）（试行）》4.6.4 条款，使用中的氧气瓶与乙炔气瓶应垂直放置并固定起来，氧气瓶与乙炔气瓶的距离不得小于 5m。

5. 危险品库房内有人员抽烟。

严禁在危险品库房内抽烟。

6. 危险品库房内油桶未封存放置。

依据《国家电网公司电力安全工作规程（电网

建设部分)(试行)》3.4.5 条款，汽油、酒精、油漆及稀释剂等挥发性易燃材料应密封存放，配消防器材，悬挂相应安全标志。

7. 危险品库房内油桶未直立放置。

易燃易爆液体或气体(油料、乙炔气瓶、氧气瓶、六氟化硫气瓶)应有防碰撞、防倾倒设施，应直立放置。

8. 危险品库房内放置切割机等其他非易燃易爆物品。

依据《国家电网公司电力安全工作规程(电网建设部分)(试行)》3.4.5 条款，易燃、易爆及有毒有害物品等应分别存放在与普通仓库隔离的危险品仓库内。

9. 危险品库房与办公区之间距离过小。

依据《国家电网公司电力安全工作规程(电网建设部分)(试行)》3.6.1.6 条款，挥发性易燃材料不得装在敞口容器内或存放在普通仓库内。装过挥发性油剂及其他易燃物质的容器，应及时退库，并存放在距建筑物不小于 25m 的单独隔离场所。

10. 危险品库房的门向室内开启。

依据《国家电网公司电力安全工作规程(电网建设部分)(试行)》3.4.5 条款，易燃、易爆及有毒有害物品等应分别存放在与普通仓库隔离的危险品仓库内，危险品仓库的库门应向外开，按有关规定严格管理。

11. 危险品库房缺少明显的安全警示标志。

依据《国家电网公司输变电工程安全文明施工标准化管理办法》第十七条，易燃、易爆液体或气体(油料、氧气瓶、乙炔气瓶、六氟化硫气瓶等)等危险品应存放在专用仓库或实施有效隔离，并与施工作业区、办公区、生活区、临时休息棚保持安全距离，危险品存放处应有明显的安全警示标志。

2. 材料加工场地作业（一）

请找找看，下面有几处违章？

一共有 14 处违章，你答对了吗？

这些违章分别是：

1. 圆盘锯无保护罩。

依据《电力建设安全工作规程 第3部分：变电站》3.5.4条款，圆盘锯应设有挡网、分料器、防护罩。

2. 模板上铁钉未拔除。

依据《国家电网公司电力安全工作规程（电网建设部分）（试行）》6.4.2.2.9条款，拆下的模板应及时清理，所有朝天钉均拔除或砸平，不得乱堆乱放，禁止大量堆放在坑口边，应运到指定地点集中堆放。

3. 现场无消防器材。

依据《国家电网公司电力安全工作规程（电网建设部分）（试行）》3.6.1.1条款，施工现场、仓库及重要机械设备、配电箱旁，生活和办公区等应配置相应的消防器材。

4. 施工人员穿拖鞋进行作业。

依据《电力建设安全工作规程 第3部分：变电站》3.2.7条款，施工作业人员不得穿拖鞋、凉鞋、高跟鞋，以及短裤、裙子等进入现场。

5. 施工人员未佩戴安全帽。

依据《电力建设安全工作规程 第3部分：变电站》3.2.7条款，进入施工现场的人员应正确佩戴安全帽。

6. 模板加工区有烟头。

依据《电力建设安全工作规程 第3部分：变电站》3.2.33条款，施工现场禁止吸烟。

7. 圆盘锯和钢筋弯曲机共用一个三级箱，未采用一机一闸一保护。

依据《国家电网公司电力安全工作规程（电网建设部分）（试行）》3.5.4条款，电动机械或电动工具应做到“一机一闸一保护”。

8. 配电箱未上锁。

依据《国家电网公司电力安全工作规程（电网建设部分）（试行）》3.5.6.3 条款，配电室和现场的配电柜或总配电箱、分配电箱应配锁具。

9. 配电箱无接线图。

依据《施工现场临时用电安全技术规范》8.3.1 条款，配电箱、开关箱应有名称、用途、分路标记及系统接线图。

10. 配电箱无试跳记录。

依据《施工现场临时用电安全技术规范》8.3.3 条款，配电箱、开关箱应定期检查、维修。检查、维修人员必须是专业电工。检查、维修时必须按规定穿、戴绝缘鞋、手套，必须使用电工绝缘工具，并应做检查、维修工作记录。

11. 临时用电线缆无保护，未架空或埋地。

依据《施工现场临时用电安全技术规范》7.2.3 条款，电缆线路应采用埋地或架空敷设，严禁沿地面明设，并应避免机械损伤和介质腐蚀。

12. 配电箱内设置插座。

依据《施工现场临时用电安全技术规范》8.2.15 条款，配电箱、开关箱电源进线端严禁采用插头和插座做活动连接。

13. 配电箱门与箱体未做跨接。

依据《施工现场临时用电安全技术规范》8.1.13 条款，配电箱、开关箱的金属箱体、金属电器安装板以及电器正常不带电的金属底座、外壳等必须通过 PE 线端子板与 PE 线做电气连接，金属箱门与金属箱体必须通过采用编织软铜线做电气连接。

14. 钢筋弯曲机无作业平台。

依据《国家电网公司电力安全工作规程（电网建设部分）（试行）》5.2.18.1 条款，作业台和弯曲机台面要保持水平。

3. 材料加工场地作业（二）

请找找看，下面有几处违章？

一共有 13 处违章，你答对了吗？

这些违章分别是：

1. 施工使用的切割机为待修机械。

依据《国家电网公司电力安全工作规程（电网建设部分）（试行）》4.6.1.6 条款，焊接、切割设备应处于正常的工作状态，存在安全隐患时，应停止使用并由维修人员修理。

2. 切割机无保护罩。

依据《国家电网公司电力安全工作规程（电网建设部分）（试行）》5.3.2.3.5 条款，护罩未到位时不得操作，不得将手放在距锯片 150mm 以内。

3. 焊接人员穿短袖作业。

依据《国家电网公司电力安全工作规程（电网建设部分）（试行）》4.6.1 条款，进行焊接或切割作业时，操作人员应穿戴专用工作服、绝缘鞋、防护手套等符合专业防护要求的劳动保护用品。衣着不得敞领卷袖。

4. 配电箱未上锁。

依据《国家电网公司电力安全工作规程（电网建设部分）（试行）》3.5.6.3 条款，配电室和现场的配电柜或总配电箱、分配电箱应配锁具。

5. 配电箱内设置插座。

依据《施工现场临时用电安全技术规范》8.2.15 条款，配电箱、开关箱电源进线端严禁采用插头和插座做活动连接。

6. 配电箱无接线图。

依据《施工现场临时用电安全技术规范》8.3.1 条款，配电箱、开关箱应有名称、用途、分路标记及系统接线图。

7. 配电箱无试跳记录。

依据《施工现场临时用电安全技术规范》8.3.3

条款，配电箱、开关箱应定期检查、维修。检查、维修人员必须是专业电工。检查、维修时必须按规定穿、戴绝缘鞋、手套，必须使用电工绝缘工具，并应做检查、维修工作记录。

8. 临时用电线缆无保护、未架空或埋地。

依据《施工现场临时用电安全技术规范》7.2.3条款，电缆线路应采用埋地或架空敷设，严禁沿地面明设，并应避免机械损伤和介质腐蚀。

9. 现场未配置消防器材。

依据《国家电网公司电力安全工作规程（电网建设部分）（试行）》3.6.1.1条款，施工现场、仓库及重要机械设备、配电箱旁，生活和办公区等应配置相应的消防器材。

10. 缺少机械操作规程。

《电力建设安全工作规程 第3部分：变电站》3.5.10条款，各种机具均应由专人进行维护、保养，并应随机悬挂安全操作规程。

11. 在恶劣天气下进行电焊作业，且未采取防风措施。

依据《国家电网公司电力安全工作规程（电网建设部分）（试行）》4.6.1.11条款，在风力五级以上及下雨、下雪时，不可露天或高处进行焊接和切割作业。如必须作业时，应采取防风、防雨雪的措施。

12. 切割机作业附近放置油桶。

依据《国家电网公司电力安全工作规程（电网建设部分）（试行）》4.6.1.9条款，禁止在储存或加工易燃、易爆物品的场所周围10m范围内进行焊接或切割作业。

13. 配电箱门与箱体未做跨接。

依据《施工现场临时用电安全技术规范》8.1.13条款，配电箱、开关箱的金属箱体、金属电器安装板以及电器正常不带电的金属底座、外壳等必须通过PE线端子板与PE线做电气连接，金属箱门与金属箱体必须通过编织软铜线做电气连接。

4. 深基坑开挖

请找找看，下面有几处违章？

一共有 10 处违章，你答对了吗？

这些违章分别是：

1. 基坑临边局部未设安全围栏。

依据《国家电网公司电力安全工作规程（电网建设部分）（试行）》6.1.1.4 条款，挖掘施工区域应设围栏及安全标志牌，夜间应挂警示灯，围栏离坑边不得小于 0.8m。

2. 基坑临边设三角旗替代硬质围栏。

依据《国家电网公司电力安全工作规程（电网建设部分）（试行）》3.1.6 条款，施工现场及周围的悬崖、陡坎、深坑、高压带电区等危险场所均应设可靠的防护设施及安全标志。

3. 基础边坡未按要求放坡。

依据《国家电网公司电力安全工作规程（电网建设部分）（试行）》6.1.1.9 条款，开挖边坡值应满足设计要求。无设计要求时，应符合表 10 的规定。

4. 基坑坑口堆放高度大于 1.5 米的土堆。

依据《国家电网公司电力安全工作规程（电网建设部分）（试行）》6.1.1.7 条款，堆土应距坑边 1m 以外，高度不得超过 1.5m。

5. 土方车在基坑边缘行驶。

依据《国家电网公司电力安全工作规程（电网建设部分）（试行）》6.1.4.5 条款，人工清理或装卸石方应遵守下列规定：b）用手推车、斗车或汽车卸渣时，车轮距卸渣边坡或槽边距离不得小于 1m。

6. 挖掘机作业半径内有人作业。

依据《国家电网公司电力安全工作规程（电网建设部分）（试行）》6.1.5.4 条款，挖掘机作业时，在同一基坑内不应有人员同时作业。

7. 工作人员在基坑底部休息。

依据《国家电网公司电力安全工作规程（电网建设部分）（试行）》6.1.1.6 条款，作业人员不得攀登挡土板支撑上下，不得在基坑内休息。

8. 施工人员未按规定着装。

依据《电力建设安全工作规程　第 3 部分：变电站》3.2.7 条款，施工作业人员不得穿拖鞋、凉鞋、高跟鞋，以及短裤、裙子等进入现场。

9. 施工人员未佩戴安全帽。

依据《电力建设安全工作规程　第 3 部分：变电站》3.2.7 条款，进入施工现场的人员应正确佩戴安全帽。

10. 基础基坑开挖后未设置上下基坑通道。

依据《国家电网公司电力安全工作规程（电网建设部分）（试行）》6.1.1.6 条款，基坑应有可靠的扶梯或坡道，作业人员不得攀登挡土板支撑上下，不得在基坑内休息。

5. 建筑物主体结构施工

请找找看，下面有几处违章?

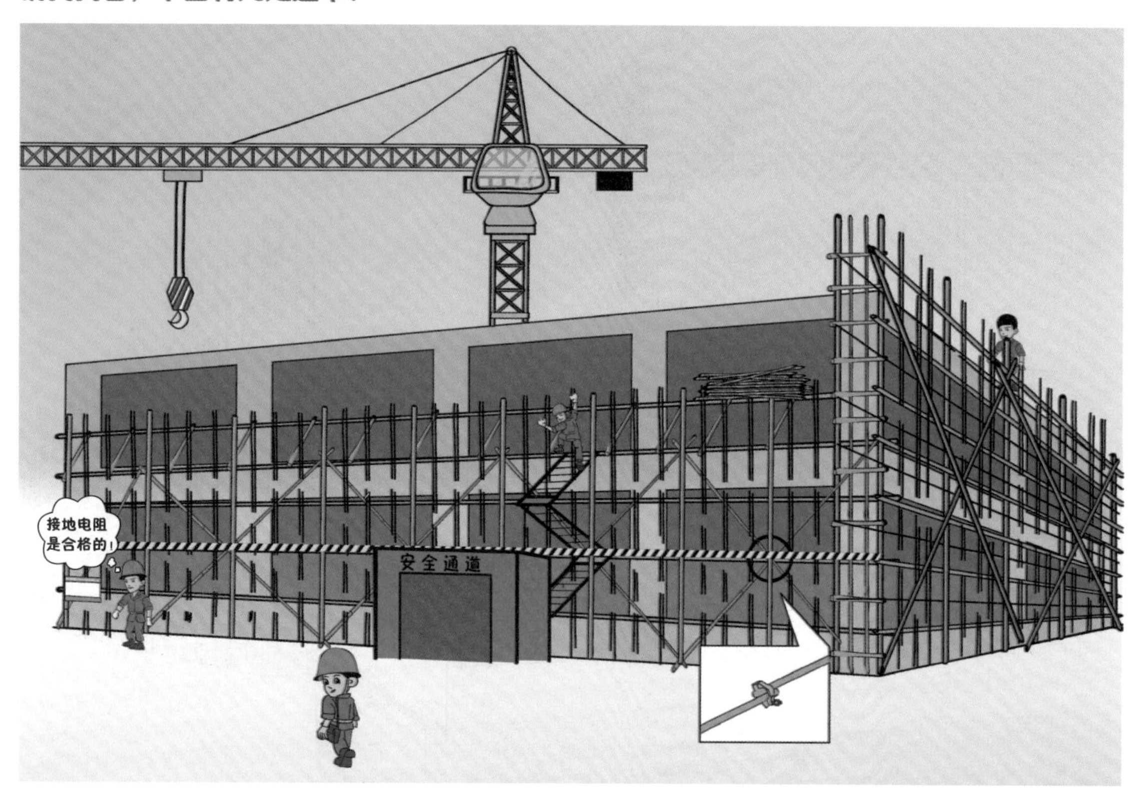

一共有 9 处违章，你答对了吗？

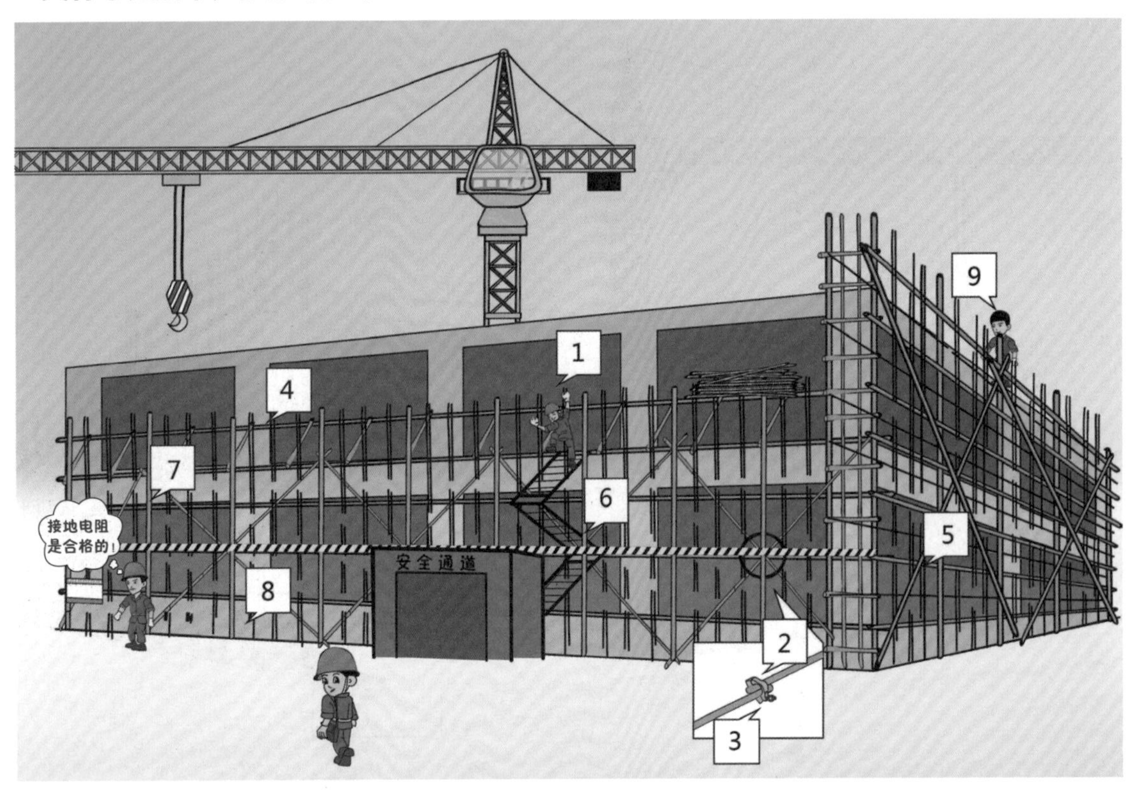

这些违章分别是：

1. 外脚手架搭设人员移动中失去安全防护。

依据《国家电网公司电力安全工作规程（电网建设部分）（试行）》4.1.16 条款，高处作业人员上下杆塔等设施应沿脚钉或爬梯攀登，在攀登或转移作业位置时不得失去保护。

2. 外脚手架剪刀撑搭接处用一个旋转扣件固定。

依据《建筑施工扣件式钢管脚手架安全技术规范》（JGJ 130—2011）6.3.6 条款，当立杆采用搭接接长时，搭接长度不应小于 1m，并应采用不少于 2 个旋转扣件固定。端部扣件盖板的边缘至杆端距离不应小于 100mm。

3. 外脚手架剪刀撑搭接长度不足。

依据《建筑施工扣件式钢管脚手架安全技术规范》（JGJ 130—2011）6.3.6 条款，脚手架立杆的对接、搭接应符合下列规定：2 当立杆采用搭接接长时，搭接长度不应小于 1m，并应采用不少于 2 个旋转扣件固定。端部扣件盖板的边缘至杆端距离不应小于 100mm。

4. 外脚手架的立杆顶端未高出檐口上端。

依据《建筑施工扣件式钢管脚手架安全技术规范》（JGJ 130—2011）6.3.7 条款，脚手架立杆顶端栏杆宜高出女儿墙上端 1m，宜高出檐口上端 1.5m。

5. 外脚手架局部未设置挡脚板。

依据《国家电网公司电力安全工作规程（电网建设部分）（试行）》6.3.3.10 条款，脚手架的外侧、斜道和平台应设 1.2m 高的护栏，0.6m 处设中栏杆和不小于 180mm 高的挡脚板或设防护立网。

6. 安全通道两侧无防护栏杆。

依据《国家电网公司电力安全工作规程（电网建设部分）（试行）》6.3.3.10 条款，脚手架的外侧、斜道和平台应设 1.2m 高的护栏，0.6m 处设中栏杆和不小于 180mm 高的挡脚板或设防护立网。

7. 外脚手架局部未设安全网。

依据《国家电网公司电力安全工作规程（电网建设部分）（试行）》6.3.3.9 条款，在架子上翻脚手板时，应由两人从里向外按顺序进行。作业时应系好安全带，下方应设安全网。

8. 外脚手架未设置扫地杆。

依据《国家电网公司电力安全工作规程（电网建设部分）（试行）》6.3.3.4 条款，脚手架的立杆应垂直。应设置纵横向扫地杆，并应按定位依次将立杆与纵、横向扫地杆连接固定。

9. 施工人员未佩戴安全帽。

依据《电力建设安全工作规程　第 3 部分：变电站》3.2.7 条款，进入施工现场的人员应正确佩戴安全帽。

6. 建筑物基础施工

请找找看，下面有几处违章？

一共有 6 处违章，你答对了吗？

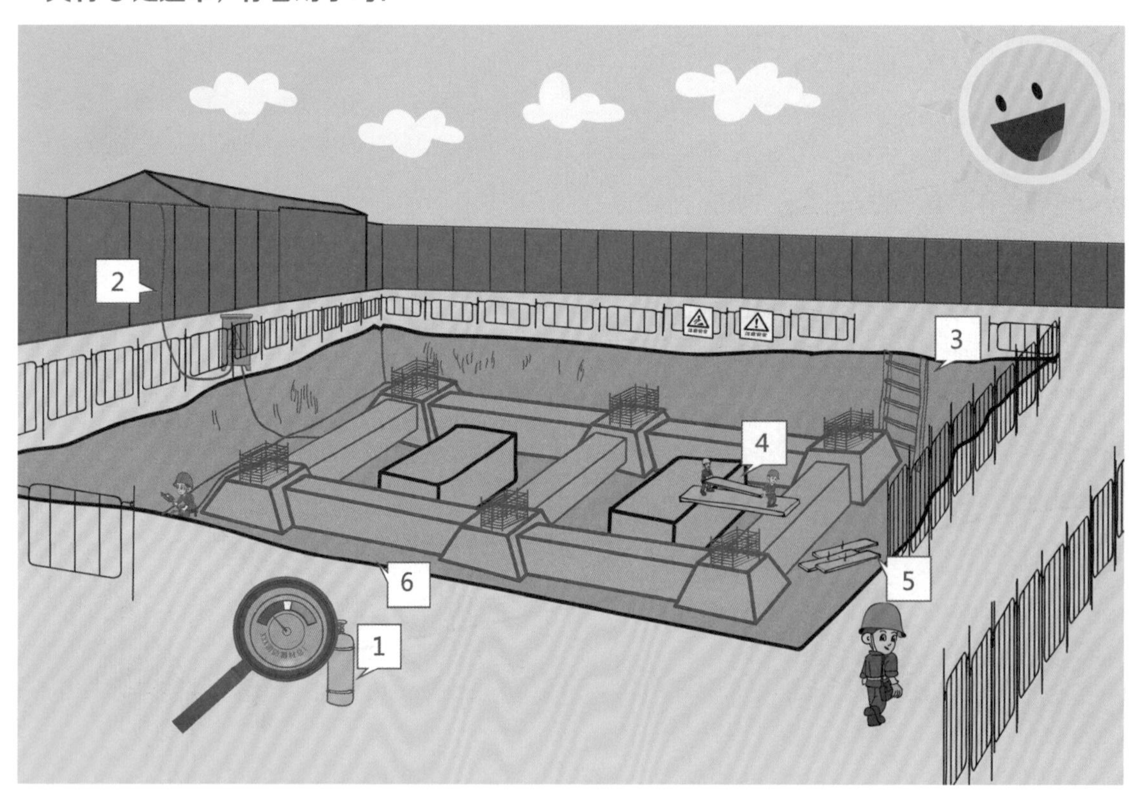

这些违章分别是：

1. 灭火器压力不足。

依据《灭火器压力指示器通用技术条件》（GA 92—1995），指针指到红色区域，表示灭火器内压力小，不能喷出。这表明该灭火器已经失效了，请立即充装或更换。

2. 临时用电线缆无防护，未架空或埋地。

依据《国家电网公司电力安全工作规程（电网建设部分）（试行）》3.5.4.12 条款，架空线路的路径应合理选择，避开易撞、易碰以及易腐蚀场所。

3. 人员上下基坑的通道是木梯。

依据《国家电网公司电力安全工作规程（电网建设部分）（试行）》6.1.1.6 条款，基坑应有可靠的扶梯或坡道。

4. 综合楼基础间利用跳板做安全通道。

依据《国家电网公司电力安全工作规程（电网建设部分）（试行）》3.2.3 条款，现场道路跨越沟槽时应搭设牢固的便桥，经验收合格后方可使用。人行便桥的宽度不得小于 1m，手推车便桥的宽度不得小于 1.5m，汽车便桥的宽度不得小于 3.5m。便桥的两侧应设有可靠的栏杆，并设置安全警示标志。

5. 基础模板朝天钉未及时清理。

依据《国家电网公司电力安全工作规程（电网建设部分）（试行）》6.4.2.2.9 条款，拆下的模板应及时清理，所有朝天钉均拔除或砸平，不得乱堆乱放，禁止大量堆放在坑口边，应运到指定地点集中堆放。

6. 基坑坑口局部没有设硬质围栏。

依据《国家电网公司电力安全工作规程（电网建设部分）（试行）》3.1.6 条款，施工现场及周围的悬崖、陡坎、深坑、高压带电区等危险场所均应设可靠的防护设施及安全标志；坑、沟、孔洞等均应铺设符合安全要求的盖板或设可靠的围栏、挡板及安全标志。

7. 塔式起重机安装、使用、拆除作业

请找找看，下面有几处违章?

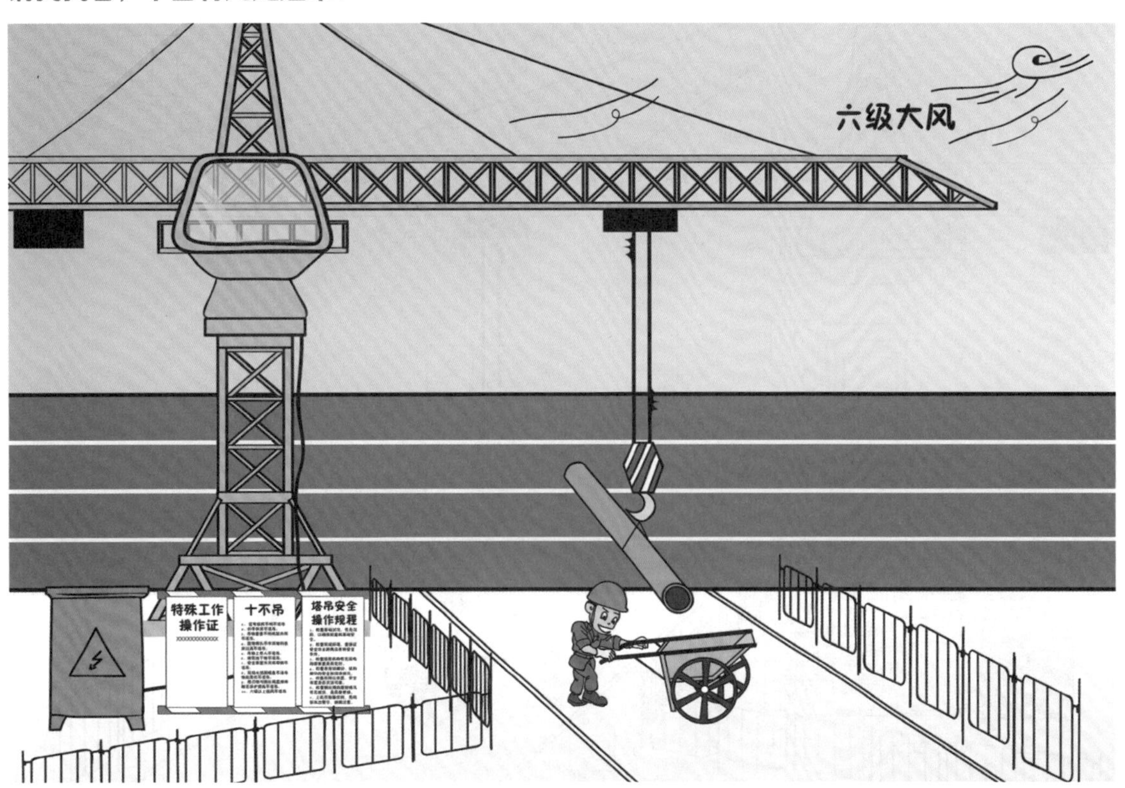

一共有 7 处违章，你答对了吗？

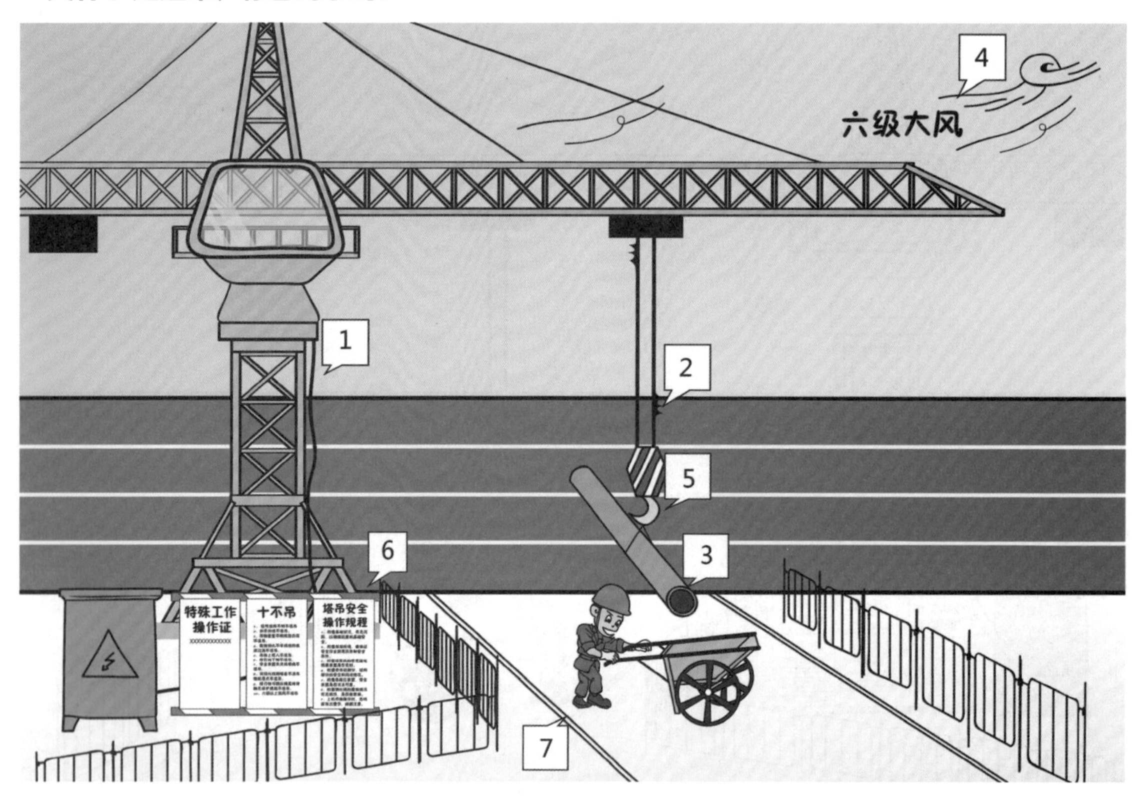

这些违章分别是：

1. 塔式起重机电源线未穿管敷设或固定。

塔式起重机电源线应穿管敷设并固定。

2. 塔式起重机使用的钢丝绳断股。

塔式起重机使用承力钢丝绳外表情况应良好。

3. 吊物倾斜。

依据《国家电网公司电力安全工作规程（电网建设部分）（试行）》6.9.3.4 条款，吊件离地面约 100mm 时，应停止起吊，全面检查确认无问题后，方可继续，起吊应平稳。

4. 恶劣气候下塔式起重机起吊作业。

依据《国家电网公司电力安全工作规程（电网建设部分）（试行）》4.5.16 条款，在露天有六级及以上大风或大雨、大雪、大雾、雷暴等恶劣天气时，应停止起重吊装作业。

5. 塔式起重机吊钩无防脱扣装置。

依据《国家电网公司电力安全工作规程（电网建设部分）（试行）》4.5.18 条款，起吊物体应绑扎牢固，吊钩应有防止脱钩的保险装置。

6. 塔式起重机未悬挂准用证。

依据《建筑施工塔式起重机安装、使用、拆卸安全技术规程》2.0.6 条款，塔式起重机启用前应检查塔式起重机的备案登记证明等文件。

7. 吊物下方有人员经过。

依据《国家电网公司电力安全工作规程（电网建设部分）（试行）》5.1.1.6 条款，在起吊、牵引过程中，受力钢丝绳的周围、上下方、转向滑车内角侧、吊臂和起吊物的下面，禁止有人逗留和通过。